事例でナットク！

DRBFM

による正しい設計プロセスの実行と

GD&T 公差設計 と 幾何公差

で問題解決

鷲﨑 正美／栗山 晃治 [著]

日刊工業新聞社

はじめに

　2022 年は 100 年に 1 度の、自動車業界をはじめとしたあらゆる企業における製品開発の大変化点の最中である。IT 等を活用した開発プロセスの変化もあり、より多くの経験したことのない製品を、過去と異なった製品開発手法で短期に量産化することが求められている。また、環境問題なども関係して、多くの企業から似たような新製品が開発されて世の中に送り出され、お客様の選択の自由度が広くなり、その製品への期待も大きくなっている。

　このような変化が大きい時代に、核心的な新製品が登場しているものの、過去の不具合を見返してみると、「素晴らしい商品なのに何故こんなに簡単な不具合が？」と思うようなごく単純な問題が発生し、商品性を阻害している場合がある。

　そのような問題を回避するためには、未然防止活動により設計段階で品質問題を未然に発見・解決し、それを後工程へ伝えるために正しく図面表現する必要がある。そのことが、従来と変わることなく重要であるのは言うまでもない。

　しかし、設計環境を考えると、3DCAD 活用により設計の良品条件が 3D データ化され、設計意図が後工程で正確に読み取れなくなっている場合がある。それを補うためには、設計者の意図とその考え方を明文化する FMEA が有効である。だが、一般的に行われている FMEA の使われ方が形骸化、一般解化され、図面と同様に設計意図が読み取れない事例を目にすることがある。例としては、未然防止で一番重要な、問題発見のための資料（プロセス）がなく、最初から思いついた項目のみをワークシートに羅列していること等である。当然、これでは全体を漏れなく問題発見できているかを確認することができない。そこで本書では、問題を漏れなく発見できるように二元表を使って見える化を行う。

　この見える化は、DR（デザインレビュー）を行うためだけではなく、本人自身が、製品が置かれる環境全体を広く俯瞰して、見えていない問題に気づくことが主目的である。誰もが社内の全ての知見を持っている訳ではないと思うが、この見えていない問題を上司とのコミュニケーション、社内各部門の責任者・知見者とのデザインレビューを行うことによって完結させ、責任ある製品を世の中に送り出すことが重要である。また、デザインレビューで指摘されることにより習得

した知見は本人の財産となり、自分の見える範囲が広くなり、得られた知見を次に活かすことができるようにしたい。このように未然防止を行い、製品の不具合をなくすことは当然だが、知見が伝承され、誰もが成長できることも未然防止活動の重要な役目だと考える。

現状の未然防止活動におけるもう1つの問題点は、表面的な未然防止になり、重要部位が特定できず、深堀りができていない場合があることである。本書では、変更点に着目し対象部位を特定し、二元表で決定した重要部位のみワークシートに記載することにより、広く全体を意識しながら重要部位は徹底的に深堀りを行い、漏れなく効率的に問題発見・解決を図るプロセスを、演習を通じて説明する。

次に、本書の本題である「DRBFMと公差設計の連携」に話しを移す。メカ系製品から起きる故障モードの、その約7割が公差設計に関係する問題である（図表3-2を参照いただきたい）。

未然防止と公差設計を結び付ければ大半の問題が発見・解決できるが、未然防止と公差設計が一冊になった書籍はない。そこで本書では、変更点から効率的かつ精度良く問題を見える化し、問題発見と問題解決ができるDRBFMと、解決した設計の考えを客先や製造等の後工程へ正確に伝達できる公差設計と幾何公差手法（GD&Tという）を連携させ、問題発見から図面化するまでを一気通貫できる手法も演習を通じて解説する。

またこのような未然防止活動は、本来の設計業務の1つではあるものの、ある程度の追加工数が必要となるために、精度良く、かつ効率的に未然防止を案内してくれるツールが必要となる。それが第13章で紹介するDRBFMのExcelツールと公差設計ソフトTOLJである。設計者が考えるべきことを、上司がサポートしてくれるかのように補助してくれ、その他の機械的な処理は自動化してくれる仕様になっている。

本書のDRBFMの内容は公差問題との連携に対する活動内容を主眼としているため、それ以外は割愛している。よってDRBFMの演習事例も公差問題に限定した内容になっている。本書の2.2節に記載した「DRBFMとはルールからの解放」の意味をよく考えながら読み進めていただきたい。

最後に、設計者がお客様の機能・要求性能を満たす設計手段には色々な方法がある。そのため、概念を固定することなく柔軟に考え、なぜなぜを繰り返し、自

分の業務に当てはめられる適切な手段・方法を見つけるために、本書を参考にしていただけると幸いである。

2022 年 11 月 　　　　　　　　　　　　　　　　著者：鷲﨑　正美

　　　　　　　　　　　　　　　　　　　　　　　　栗山　晃治

DRBFM のプロセスの説明について

　本書における DRBFM は、プロセス自体をしっかり覚えていただけるように、5 段階に分けて説明している。説明内容が重複する部分も多々あるが、その都度、目的と内容が追加されているので省略することなく読み進めていただきたい。

⑤　第 8 章⇒ドライヤーの演習事例とプロセス
④　第 7 章⇒DRBFMとGD＆Tの連携プロセス
③　第 4 章⇒DRBFMの４種類の帳票とプロセス
②　第 3 章⇒FMEAとDRBFMのプロセスの違い
①　第 1 章⇒基本的なDRBFMのプロセス

　それぞれがどのような目的で DRBFM のプロセスを紹介しているかは下記のとおりである。

①第 1 章 1.2 節では、DRBFM に馴染みがない読者向けに、基本的な DRBFM のプロセスを説明する。

②第 3 章 3.1 節では、FMEA の基本的なプロセスを示し、FMEA と DRBFM との、フォーマットにある各項目の表現方法の違いを明確にする。

③第 4 章 4.1 節では、DRBFM のプロセスで実施する内容と、4 種類の帳票を記載するときの考え方を紹介する。

④第 7 章 7.5 節では、DRBFM のプロセスに公差計算の Step1～ Step5 を取り入れ、DRBFM と GD＆T が連携し一体化したプロセスを説明する。

⑤第 8 章以降は、DRBFM と GD＆T が連携し一体化したプロセスを本書の課題であるドライヤーの演習事例により詳細に説明する。

目　　次

第4章 DRBFM のプロセスと帳票

第5章 DRBFM と公差設計の連携が何故必要か？

第6章 ケーススタディで扱う製品と変更点

第7章　DRBFMとGD&Tの連携ケーススタディ

第8章　プロセス　1）設計情報の分析

第 11 章　問題解決の社内デザインレビューと結果のフォロー

第 12 章　DRBFM と GD&T 連携のまとめ

第 13 章　DRBFM を精度よく効率的に行うためには

第1章　DRBFM とは

1.1　未然防止ツールとは

　本書の本題である「DRBFM と公差設計の連携」についての説明を行う前に、DRBFM も含めた未然防止ツールについて簡単に説明する。

　一般的な未然防止ツールは、自分が行った仕事に問題がなかったかを確認するツールであり、製品開発に置き換えれば、機能・性能が満たされている設計になったかを確認するツールである。一方、本書でいう未然防止ツールとは、「やり直しがなく Lean で、かつ製品開発の品質レベルを確保するために進捗管理をするツール」である。言い換えると「良い図面作りを進めるためのガイドツール」として取り扱う。良い仕事を、正しい手順で進めれば問題は起きないし、仕事の結果が問題なかったかどうかは、残した資料を見れば、後から改めて資料を作らなくても必然的に分かる。

　ここでいう図面作りの進め方とは、**図表 1-1** に示すように、単に設計部署内の図面作りの進め方だけでなく、社内の製品開発に携わる全ての部署も含まれ、さらにお客様に製品が渡るところまでを指す。もちろん、**「原点は上流から綺麗な水（良い図面）を流す」**ことにある。

図表 1-1　DRBFM は社内全体の製品開発本来の活動

1.2　DRBFM の考え方

　大半の読者はご存じかと思われるが、DRBFM 自体に馴染みがない方のために、ここで DRBFM の簡単な説明をする。

　DRBFM は、「新規設計や工程を従来と比較して、変更・変化点を見つけ出し、さらに変更・変化点から起きる心配点とその最適化策を見つけ出して、設計の構造を決定すること、および図面作成段階で問題を排除することで、適正品質を未然に確保する活動」であり、その活動を行うためのツールとも言える。

　DRBFM は「Design Review Based on Failure Mode」の略で、日本語に訳すと一般的には「故障モードに基づいた設計審査」と表すことが多いが「**故障モードに基づくデザインレビュー**」とした表現を採用する。理由は「設計審査」ではなく設計者が考えた内容に対して社内の製品開発に関係する部署の製品開発責任者が、社内総力で問題発見・解決を行い製品開発を推進する活動であり、そこでできる図面は設計部署だけに責任があるわけではないと考えるからである。

　DRBFM は開発の初期に問題を発見し、設計つまり図面の品質を上げる、その業務をお客様のために漏れなく行うために、製品開発に関係する部署全体（設計、評価、材料、品保、製造、品管、サービス等）が参加し、最終的に良い図面作り・製品作りを行うツールである（**図表 1-2**）。

図表 1-2　DRBFM に参加する関連部署

1.3　DRBFM のプロセス

　DRBFM のプロセスは、「1) 設計情報の分析」「2) 問題発見の分析」「3) 問題解決の分析」「4) 問題フォロー」であり、一般的な問題解決のプロセスと同じである。以下に各プロセスの内容を表記した。詳細は後にその都度必要な項目を加えながら説明する。

1)　設計情報の分析

　新製品の開発や、既存製品の改良にあたっては、製品設計や製造工程の変更は付きものである。また、従来の常識を変えなければ、良い新製品は生まれない。設計に変更がなくても製品や製造に加わるストレスの変化も想定される。このような「変更・変化点に着目した問題発見」のために設計情報の準備を行う。

　変更・変化点を発見するにはまず、製品構造を上位から下位構造に、構成要素をシステム、部品、部位、材料等に分解して、機能・要求性能を分析する。

　ここで、DRBFM における変更点・変化点の言葉の定義を説明する。

●変更点（変える所）

　設計状態、図面を変えようとしている所で、客先などの要望で変更する場合もこれに該当する。一般的に、設計者は現実に自分の手の内にある情報であることから、抜け・漏れなく整理し易い。

●変化点（変わってしまう所）

　設計、図面は変えていないが、その製品が異なる目的、部位で使われ、製品へのストレスが変わる可能性のある所をいう。この変化点の抽出は、上記の変更点のように 100 ％の現実ではないために難しいが、考えられるところはできるだけ抽出しておくことが重要である。

2)　問題発見の分析

　設計構造と、それに求められる役割である機能・要求性能の変更・変化点から、どのような心配点（問題とその原因）が想定されるか、またそれらが相互に影響

するかどうかを、設計要素と機能・要求性能の二元表にして問題発見を行う。問題発見ではあらゆる方向からの分析が必要なため、社内で責任分担を決め、その結果を集約し、それ以外にも心配点がないか、デザインレビューを行うことが重要となる。このプロセスで問題に気づけなければ、最後まで気づくことはできず、市場不具合に繋がる危険がある。

3）問題解決の分析

　発見した心配点に対して、製品開発の関係部署がどのような考えで対応するのかや、設計良品条件（現物評価、製品を作るための公差など図面に指示すべき内容）は何か、を決める。それで問題がないか社内責任部署の立場でデザインレビューを行い、問題があれば責任部署の担当者が何をすべきか、行動に移すべき内容と実施担当者・期日を決定する。

4）問題フォロー

　活動で到達した設計良品条件、デザインレビューで決まった内容がお客様にわたる製品で実現されているか、それが作れるような工程になっているかを確認する。DRBFM の最後の活動である。

　図表 1-3 に DRBFM のプロセスと活動イメージを表した。各社の開発業務プロセスと DRBFM のプロセスを比較しながら図表 1-3 を確認すれば、自分の開発業務プロセスに紐付けができ、理解し易いと思われる。「DRBFM は本来の製品開発の行為そのもの」と理解すれば良い。

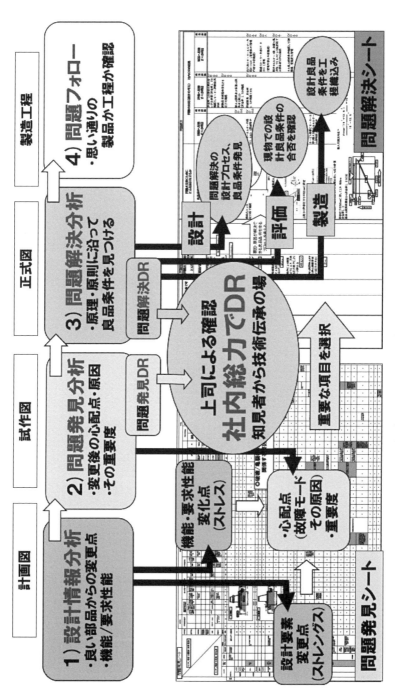

図表 1-3　DRBFM プロセス全体図

第2章　DRBFM ができた理由を考える

未然防止の一般的なツールには、世界的な標準ツールである FMEA があるが、なぜ本書では DRBFM を未然防止ツールに採用したか。その理由を DRBFM の誕生経緯と合わせて説明する。

2.1　未然防止ツールの役割の変化

　自動車部品産業の ISO9001 セクター規格である ISO/TS16949 においても、コアツールとして FMEA※が要求されている。未然防止の活動は、世界標準のルールの基に標準のツール（FMEA）を使用して行ってさえいれば、未然防止活動の内容自体があまり問題視はされなかったような気がする。

　しかし、20 年位前から、リスクの高い不具合の発生が多くなり、FMEA 以外にも設計チェックシート、再発防止シートなどを用いて不具合が起きるたびに再発防止対策を講じていた。しかし、それでも同じような不具合が発生し、なかなか止まらなくなってきた。その原因の 1 つとして、外部要因の変化点が考えられる。例えば車の事例では、部品共通化など単一部品の生産数が飛躍的に多くなり、いったん問題を起こすと膨大な処置を施さなければならない。

　また、販売する地域が広くなり、製品が使用される環境も評価基準もない未知の地域、例えば路面が整備されていない「極悪路地域」や、低温環境で今までに車があまり使われていなかった「寒冷地域」などに拡大した。さらに、車両開発が高級車に拡大され、複雑な構造や機械と電気とソフトが組み合わさった新規製品開発が多くなった。

　車の利便性から、使い方、車の使用頻度、走行距離、使用年数に急激な変化が起きることや、顧客の使用用途が広くかつ要求が高くなるなどの変化点は多い。その他、内部要因には、他社との競争によりなるべく早く市場投入を行うために、製品開発期間の短縮が必要になった。技術者においても、新規採用で増員された設計者は設計経験が浅く、設計者単独では製品開発を進めることが難しいことから、FMEA も浅く形骸化したものになってきた。

※FMEA：Failure Mode & Effects Analysis、故障モードと影響度解析

2.2 FMEAがあるのに DRBFMができた理由を考える

　前述したように、製品開発の外部要因、内部要因が変化し、リスクの高い不具合の発生が多くなり、従来行われていたレベルの表面的で形骸化した「作ることが目的になっていたFMEA」では未然防止の役目を果たせなくなった。

　その対策として、FMEA以外にも設計チェックシート、再発防止シートなどを用いて不具合が起きる毎に色々な防止対策が講じられた。設計自体が益々ルールに縛られた作業となり、かつその対応工数が膨大になったため、現在の開発環境に適した効果的な未然防止ツールが新たに必要になってきた。

　そこで、使い慣れてきたFMEAの未然防止プロセスはそれを踏襲して、当事者が表面的でなく、各自の現実を見て考えられるように、下記の項目が改善された。

①製品開発の上流である設計者が具体的に考えることができるように、「**お手本の製品から学び、その変更・変化点の差に着目**」し、一般解ではなく変更・変化点から起きる特殊解に焦点を集め、心配点の発見を行う。それは「**対象部位が絞られ精度向上、工数低減**」にも繋がる。

②「デザインレビュー」は設計審査会のような設計者だけに責任があるのではなく、「**開発の責任分担を明確**」にしてその責任を果たすため、知見を広く集め「**社内総力で問題発見、問題解決**」を行う。

DRBFM

形骸化したFMEA

不具合の要因 →

形骸化した活動では飛び越えられない

以上の状況から未然防止ツール「Design Review Based on Failure Mode (DRBFM)、故障モードに基づくデザインレビュー」が必然的に誕生したと推測する。

　設計者にとっては正に「**DRBFM とはルールからの解放**」であった。なぜかというと、ひたすら膨大なチェックシートの確認、設計審査に明け暮れることなく、各自で自由にやり方を改善し、原理・原則から考えた設計ができるからである。

　例えば部品と部品の隙間を確保する場合、チェックシートは 5 mm 以上という基準があったとする。自分の設計隙間が 4.95 mm だとこの場合は NG になり設計変更を強いられるが、多くの部品に変更が必要になるなど、簡単に直せない場合がある。法規であれば当然 NG で、選択の余地はないが、そうでなければチェックシートから外れても問題ない場合が多い。

　一般的にはチェックシートに従ったほうが効率的で良いが、設計隙間が 4.95 mm で本当に問題となるかを確認する際に、過去にチェックシートができた経緯を調べるチャンスが得られ、自分の設計もそれを適用すべきか考えることができる。設計の選択範囲が広くなり、新たな良品条件・知見が得られる。

第3章　FMEA と DRBFM の違い

第 2 章で、DRBFM は形骸化した未然防止活動を改善するために生まれたと記載した。では、DRBFM はどのような形骸化阻止策を講じている活動なのか。

 使い方が大事

　くれぐれも、FMEA 自体が形骸化したツールと言っているわけではない。それを使う人の使い方、運用の仕方自体が形骸化した状態であることを指摘している。DRBFM によるツール上の形骸化改善策を本章で説明するが、最終的には、使用する人が DRBFM を、問題を漏れなく発見し効率的に開発を進めるためのツールとして受け止めて使うことが肝心である。

　未然防止を実施したことだけを証明するためとか、客先から求められたから作るとなると「作ることが目的」になり、本来の未然防止の目的である「お客様目線」から外れることになる。この「お客様目線」から外れると、DRBFM も使い方によっては形骸化は避けられない。

　DRBFM 自体、特に運用面では決まったルールがあるわけではないために、本書では筆者が思う「理想的な未然防止策＝DRBFM」との観点で説明を行う。

3.1　FMEA と DRBFM の違いは？

1）FMEA のプロセス

　まずは読者が理解し易いように、2019 年 6 月に改定された「AIAG & VDA による FMEA ハンドブック」を参照して、代表的な未然防止ツールである FMEA のプロセスを以下の①〜⑦の項目に従って説明する。

①計画と準備内容を決める
　FMEA 対象製品と、製品のどの部位かの活動範囲、何故行うのかという活動の意図・目的、開発時の実施タイミング、実施するチーム・参加者の各項目を計画

して決定を行う。

②構造分析

製品構造を上位から下位構造に、構成要素をシステム、部品、部位、材料等に分解し、構成要素間の相互の影響・関連を分析する。

③機能分析

構成要素が果たすべき機能・要求性能を決定し、機能間の相互影響を分析する。

④故障分析

機能に対する故障モード（機能の不履行）と故障モードを起こす原因を洗い出し、故障モードの原因間の依存関係を分析する。

⑤故障の優先度評価

発見した問題の影響度（S）、発生頻度（O）、検出度（D）を考え、対策優先度（APN）を算出し対策の優先度を決める。

⑥最適化

故障モードの原因の予防措置、検出措置等の対応と対策結果の効果を確認する。

⑦活動結果を記録して文書化

作成した内容を、後に確認、再使用ができるように文書化し保存する。

表現は違うが、上記活動内容②〜⑥は DRBFM のプロセスと同じである（**図表3-1**）。各プロセスと帳票上の DRBFM の改善点は 3.2 節で説明をする。

2）フォーマット事例の比較

公差設計との連携の相性の視点では、FMEA は、最適化（ステップ6）で公差計算の考え方、後工程に伝えるべき図面の明確な表記箇所がなく、フォーマット上に表現し難い。一方、DRBFM では「図面で対応すべき項目」欄（図表3-1 の網掛け箇所）に図面記載内容が指示できる。これも本書で DRBFM を採用した理由の1つである。

FMEA

構造解析（ステップ2）				機能解析(ステップ3)		故障解析（ステップ4）				優先度解析（ステップ5）					最適化（ステップ6）											
システム	ASSY	部品	部位、要素、特性	要求性能・特性	機能	エンドユーザーに対する故障影響	影響度S	故障モード	故障モードの原因	現在の予防対策	原因発生度O	現在の検出対策	検出度D	優先度APN	改善対策	改善検出	責任者	完了予定日	状況	対策結果のエビデンス	完了日	影響度S	原因発生度O	検出度D	優先度APN

具体的な図面指示欄がなく表記し難い

② ③ ④ ⑤ ⑥

DRBFM

設計情報の分析		問題発見の分析				影響度分析		問題解決の分析						
対象製品部品名/設計要素	部品の機能	設計要素を変える事で考えられる問題点	問題点は何処の部位がどんな要因でどんな故障（故障モード/製品故障）に至るか			後工程、お客様への影響（システムへの影響）	重要度	問題点の要因を除くためにどんな設計をするか	問題の対応（設計の考えと社内DRの結果）					
変更点/変化点	要求性能	故障モード	社内DRの結果	故障モードの要因/原因	社内DRの結果	問題番地		良品条件を見つけ出す為の設計の考え方、プロセス、検証内容	図面で対応すべき項目	担当期限	評価で対応すべき項目	担当期限	製造で対応すべき項目	担当期限

具体的に図面記載内容を表記できる

図表3-1　FMEA と DRBFM のフォーマット
参考資料：AIAG & VDA　FMEA ハンドブック、トヨタ自動車の DRBFM ワークシート

3.2 DRBFM による未然防止活動の 6 つの改善点

前述のとおり FMEA と DRBFM の基本的なプロセスは同じであるが、未然防止が形骸化しないように考えられた DRBFM による未然防止活動の改善点を、下記 6 項目に整理した。難しいのはフォーマット上の改善だけではなく、未然防止を行う技術者の姿勢も重要なことである。

改善点① お客様本位、お客様優先で考える

❌ 形骸化した使い方の FMEA

- ▶設計基準、評価基準適合などの社内基準に限られた商品しか作ることができず、また、使用するお客様の顔が見えない企業都合優先の資料作りになる。
- ▶製品開発が終了してから、できた図面を後追いで問題がないかを確認し、問題がないことを証明するための、社内のための資料作りになる。
- ▶社内・社外的にも行うことがルールになっているために、決められたルールでやったことを証明するためのツールになる。

✓ 改善された DRBFM

- ▶製品を購入し、使用するお客様に満足していただくことを考えることが目的であり、企業都合でなくお客様（後工程も含む）最優先の活動。
- ▶本来の製品開発のプロセスであり、良い図面・製品作りを考えた業務を推進するためのツール。
- ▶お手本の製品との変更点に着目し、重要部位を特定することにより、高品質でかつ Lean な活動を推進することが目的のツール。
- ▶製品の品質は会社全体で確保するために、設計部署だけでなく社内の後工程も含めた全体の活動を共有するためのツール。

改善点② 変更点に着目し重要部位を特定。高品質と Lean な製品開発を両立

問題発見の対象にする部品を特定するために 3.1 節で説明した FMEA のプロセスと同様に、構造の構成要素全てを分析してから、DRBFM の活動である変更点と変化点に着目し、旧・新部品を比較して対象部品・部位を選択する。

図表 3-2 のように製品を「新規の部位」「変更ありの部位」「変更のない部位」に層別することで問題発見・解決を効率的に行えるようになる。そうすれば、設計の重要部位が絞られ、メリハリのある製品開発が行えるはずである。

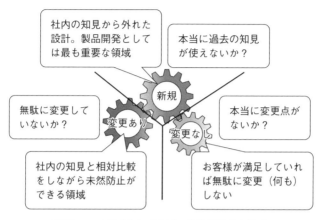

社内の知見から外れた設計。製品開発としては最も重要な領域

本当に過去の知見が使えないか？

新規

無駄に変更していないか？

変更あり

変更なし

本当に変更点がないか？

社内の知見と相対比較をしながら未然防止ができる領域

お客様が満足していれば無駄に変更（何も）しない

図表 3-2　変更点に着目して重要部位を特定

 対応の考え方

　下記に新規、変更あり、変更なし毎の対応すべき考え方を説明する。

（1）変更のない部位への対応

　本当に変更がないかを確認し、変更がなくかつ、市場問題、製造不良などを調査し、お客様、後工程が満足していれば未然防止の対象外になり、何も行わなくても良い部位になる。無駄に変更をしないように気をつけよう。

（2）変更ありの部位への対応

　問題が潜んでいる可能性がある部位であるため、DRBFM の活動範囲となる。もう１つ重要なのは、この部位は、社内には変更前の知見があるために、それをお手本にして、変更・変化点に関係する旧・新の知見を相対比較しながら、未然防止を含む製品開発を効率的に精度よくできる領域で、ベンチマーク等で業務を行うのと同じである。

(3) 新規の部位への対応

この部位も本当に過去の知見が使えないか確認すべきである。もし知見がない場合は製品開発としては最も重要で、工数も必要な部位になる。筆者も経験したが、お手本にできる事例がない場合、簡単な製品開発でも大変な苦労と時間を費やした。

変更点に着目はするが、くれぐれも無駄に変更していないかを確認することも重要である。変更することで、その後工程も仕事が増えるし問題発生のリスクに繋がる。

未然防止の大変さを訴えるばかりなく、DRBFM を使い、高品質※であることと Lean※であることを両立できる未然防止方法を考え、改善すべきである。

改善点③ 漏れのない問題発見のプロセスを設ける

3.1 節の FMEA のプロセスで説明した「④故障分析」を、漏れなく問題発見ができる取り組みにした。

一般的に行われているであろう FMEA は、3.1 節で説明した「②構造分析」「③機能分析」から、設計段階で相互影響も抽出できている前提で、「④故障分析」となる。「②構造分析」と「③機能分析」の相互影響が十分に行われていない場合は、漏れのない問題発見（④故障分析）が達成できないことになる。

公差設計のように複数の設計要素が相互に影響していると、1つでも問題発見を見落とすと計算が誤った結果になるので、その重要性は伝わると思う。DRBFM の改善では、構造分析で得た設計要素とその変更・変化点、機能分析で得た機能・要求性能を二元表に見える化し、お客様、後工程に起きる問題点を残らずその交点に発見し、議論に必要な問題を決定し、「問題発見シート」から「問題解決シート」（4.1 節で詳解）に移行して解決を行う。このように DRBFM は、問題発見の準備プロセスを設定している（**図表 3-3**）。

※高品質とは：高性能、重要不具合、クレーム修理がない状態
※Lean（無駄のない）とは：「お客様目線＝安い製品入手、必要な仕様・性能、修理時間短い」、「企業目線＝やり直し無、低コスト/質量、低クレーム費、作り易い、再発防止、知見再利用」

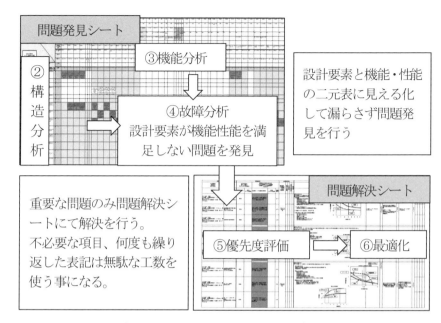

図表 3-3　DRBFM の問題発見・解決プロセス

改善点④ 最適解・適正品質を追求する

　図表 3-4 のように問題解決を行うが、心配だから過剰品質になる対策を考える
のではなく、あくまでも最適解を見つけ出す。

　このように文章で説明すると当たり前と思われるが、例えば次のような事例を
よく目にする。樹脂製品に、熱などの経年劣化により破壊が起きる問題発見をし
たとすると、その対策を「劣化を考慮した樹脂材料の選択」と記載する。最終的
にそのような解決策になるかもしれないが、まずは現在選択した樹脂材料、そこ
に加わる経年劣化のストレスで本当に設計要素が足りていないか？　どれ位足り
ていないか？　を確認することが必要ではないだろうか。

設計要素が足りていない場合

　対策手段を考えることになるが、方法は材料選択だけではないかもしれないだ
ろう。構造変更、形状変更、材料変更、ストレス低減、製造変更などを考えて最
適解を選択する。これは本来の設計行為であり、未然防止の品質確保に繋がる。

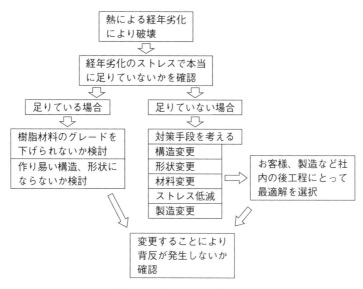

図表 3-4　適正品質を追及する

設計要素が足りている場合

　一方、運よくストレスに設計要素が足りている場合は、材料のグレード低下、作り易い構造、形状にならないかなどを検討することが必要になる。これも重要な設計行為である。

　以上の結果、設計要素を予定した計画の設計から変更する場合に注意すべきは、設計要素に新たな変更点が発生するため、再度その変更点からの背反探しが必要になってくる。堂々めぐりに感じるかもしれないが、この繰り返しにより最良の製品が生まれることになる。

　また、DRBFM 帳票（問題解決シート）では適正品質である最適解を具体的に表現できるように工夫されている（**図表 3-5**）。

設計情報の分析		問題発見の分析					影響度分析		問題解決の分析						
対象製品部品名/設計要素	部品の機能	設計要素を変える事で考えられる問題点	問題点は何処の部位がどんな要因でどんな故障（故障モード/製品故障）に至るか				後工程、お客様への影響（システムへの影響）	重要度	問題点の要因を除くためにどんな設計をするかA	問題の対応（設計の考えと社内DRの結果）					
変更点/変化点	要求性能	故障モード	社内DRの結果	故障モードの要因/原因	社内DRの結果	問題番地			良品条件を見つけ出す為の設計の考え方B	図面で対応すべき項目B	担当期限	評価で対応すべき項目C	担当期限	製造で対応すべき項目D	担当期限

図表 3-5　適正品質を表現できる帳票

A　問題点の要因を除くためにどんな設計をするか

　　問題点の要因から考えられるだけの対策手段を検討し、最終的に選んだ良品条件の考え方を記載する。

B　図面で対応すべき項目

　　最終的に選んだ良品条件について具体的に図面表記内容を記載する。

C　評価で対応すべき項目

　　設計で選択した良品条件を、現物で、お客様が満足できるかどうかの評価内容・結果を記載する。

D　製造で対応すべき項目

　　図面に表記する良品条件を製造現場に落とす手段を記載する。

　図表 3-1 で表記した FMEA 帳票の最適化部位の表現より、DRBFM 帳票のほうが問題解決の表現が開発現場目線の帳票であることが見てとれるだろう。

改善点⑤　社内の知見を漏らさず入れるためのデザインレビューを行う

　社会に責任を持った製品を送り出すためには最終的には評価で確認をするが、試作部品を作り、評価の段階で問題が発見されると開発のやり直しが起きる。そのため、試作部品がない机上の段階で机上確認を行う必要がある。

　それが実現できるのが「設計審査」ではなく製品開発の責任分担を決めて行う

「社内デザインレビュー」である。責任分担を決めていないと、悪い所を指摘するが改善提案が出ず、期待したデザインレビューとはならない。

デザインレビュー（DR）は、開発段階において2回（1回目：計画段階、2回目：生産準備前段階）で行うと良い。そしてDRの結果はDRBFM帳票の該当箇所に表記する（**図表3-6**）。ただし、1回目の計画段階のDRは、製品開発に必要な構造要件と機能を二元表に見える化し責任部位を決めて行うために、「問題解決シート」には記載しない。

設計情報の分析		問題発見の分析				影響度分析		問題解決の分析							
対象製品部品名/設計要素	部品の機能	設計要素を変える事で考えられる問題点	問題点は何処の部位がどんな要因でどんな故障（故障モード/製品故障）に至るか			後工程、お客様への影響（システムへの影響）	重要度	問題点の要因を除くためにどんな設計をするか	問題の対応（設計の考えと社内DRの結果）						
変更点/変化点	要求性能	故障モード	社内DRの結果	故障モードの要因/原因	社内DRの結果	問題番地			良品条件を見つけ出す為の設計の考え方	図面で対応すべき項目	担当期限	設計で対応すべき項目	担当期限	製造で対応すべき項目	担当期限

1回目：計画段階

2回目：生産準備前段階

図表3-6　DRBFM帳票とDR

社内デザインレビューの進め方

　下記に社内デザインレビューの実施内容を説明するので自分たちの業務の時間軸に置き換えて、どのタイミングで実施すれば良いか考えていただきたい。

（1）計画段階のDR
　計画段階の設計構造で問題がないか社内全体の確認会を行う。問題解決シートは使用しないで、「問題発見シート」（4.1節で詳解）を使用して設計要素と機能を二元表に見える化し、責任部署※を決定したうえで「この構造で

開発を進めて良いか？」の議論を行う（図表 3-7 上）。

(2) 生産準備前の DR

　この図面で生産準備に移行して良いか、「問題解決シート」で確認を行う
（図表 3-7 下）。

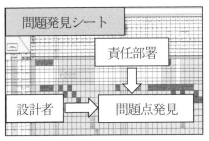

予め設計者が作った問題発見シートに構造要件と機能を見える化し、責任分担を決め発見した問題について、**「この構造で開発を進めて良いか？」**の議論を行う。

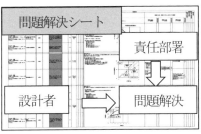

予め設計者が作った問題解決シートに対して確認する責任分担を決め設計が解決した問題をついて、「この図面で**生産準備を進めて良いか？**」の議論を行う。

図表 3-7　社内の知見を漏らさず入れるため DR を行う

改善点⑥ 製品開発の時間軸での活動

　最後に重要なことは、仕事を行ってから問題がなかったか確認をするのではなく、問題が起きないように設計を行うためにはどうしたら良いか、やり直しが発生しないためにはどうしたら良いか、を考えることである。

　図面作りが終わり、点数を付けて対応すべきか議論し問題部位を変更するのではなく、開発時間軸と同期して行えばフロントローディングができ、開発の初期には工数がかかるが、やり直しが少なくなり、あとで十分おつりがくると思われ

※責任部署：問題解決に責任がある部署

る。時間軸で行う目安は、前項の DR を行う 2 回の時期で決めると良い。1 回目の計画段階の DR は、構造変更があっても製品開発進捗に支障をきたさない時期までに実施する。2 回目の生産準備前段階の DR は、図面変更があっても生産準備進捗に支障をきたさない時期までに実施する。

この 2 回のデザインレビューの時期が決まれば、中間の活動はそれに間に合うように進めれば細かいプロセスは決まってくる。

注意事項

　くれぐれも製品開発進捗のプロセスに乗り遅れのないこと。本来の未然防止は、製品開発を進め、牽引することが役目である。

以上、DRBFM による 6 つの改善点は製品開発の中で当然やるべきことであり、すでにやれていると思われがちではあるが、実はなかなかできない。どうしたら実現できるかを常に意識して本来の未然防止から逸脱することなく我慢強く使えば、お客様に満足いただける製品を提供することが可能となる。

第 7 章以降で、活動内容をより具体的に演習事例をもって説明するので参考にしていただきたい。6 つの改善はそのまま FMEA の形骸化防止に転用ができるので、FMEA で業務を行っている読者も取り入れていただきたい。詳細は本書のテーマではないため割愛する。機会があったらお伝えしたいと思う。

3.3　第3章のまとめ（変更点に着目して未然防止を実施するメリット）

　繰り返しになるが、DRBFMがなぜ変更点・変化点に着目するかをまとめて紹介する。

 復習：変更点、変化点の定義

★**変更点（変える所）**：設計状態、図面を変えようとしている所

　強度の低下側のみ抽出しがちだが、強度が増加する場合も他の構成部品、機能にとって背反が起きるために品質が良くなるか、悪くなるかの判断は後にして変更部位は全てを抽出する。

- ・新たに部品を新規設計する場合
- ・客先などの要望で要求性能が変わり設計変更する場合
- ・製品の実態に合わせて図面を変更する場合
- ・製造方法が変わり図面を変える場合

★**変化点（変わってしまう所）**：設計、図面は変えていないが製品へのストレスが変わる所

　ストレスの増加側のみ抽出しがちだが、変更点と同じ理由で低下側も含め全部抽出する。変更点は事実であるが、変化点は、かもしれない所も含めると良い。

- ・関係、周辺部品が変わり、該当部品に要求される機能・性能が変化する場合
- ・現在ある該当部品を他のシステムに流用する場合
- ・使用環境が異なる地域で使用する場合
- ・図面は同じでも製造方法が変わる場合

層別に迷ったら……

　変更点、変化点を層別する際、どちらにするか必ずと言って良いほどに、

DRで大議論をすることになる。どちらに振り分けるかを迷う場合は、とりあえずどちらかに振り分ければ良い。変更点か変化点をどちらかに層別することに意味はなく、「変える所」「変わってしまう所」を漏れなく見つけ、問題を想定することに意味がある。特に監査側の人はルールに目が行きがちなので気をつけて欲しい。ルールより内容にこだわろう。

なぜ変更点・変化点に注目するのか

1. 変更・変化点（新規も含め）がある場合は、そこに問題が潜んでいるかもしれない

図表3-8のように開発製品を「新規部位」「変更・変化あり部位」「変更・変化なし部位」に分けてみよう。製品により3つの項目の比率は各々異なるが、「新規部位」「変更・変化あり部」はそこに問題が潜んでいるかもしれないが、「変更・変化がない部位」は本当に変化がないか確認さえすれば気にしなくて良い部位になる。

図表3-8　変更ありの所に問題が潜む

このように対象部位を絞り、効率的に問題を発見するために変更・変化点を追及すると、製品開発の対象範囲が限定され、精度良く、かつ早道になる。

2. 変更・変化点のある部位は過去に開発を行った知見がある

旧・新を比較することにより、過去の知見を利用して効率的に精度良く業務ができる。新規の設計要素と思われる部位も、過去の知見の有無を調べてなるべく応用すること。一般的に行われているベンチマークと同じ活動である。

3. 変更・変化点抽出で重要部位の見える化

　変更を抽出し変更部品、関係部品を明確にすれば重要な部品・部位、そうでない部品・部位の業務優先度の見える化ができる（図表 3-9 の「変更有無」欄に変更部品、関係部品と記載する）。簡単だからと思い、優先度の低い部位に先に手を出したために、後で重要な部位が満足しない場合はやり直しが起きる。優先度がわかれば、新規部品、関連部品など目的の機能・要求性能が達成しそうにないキーになる部品から業務を進めることができる。

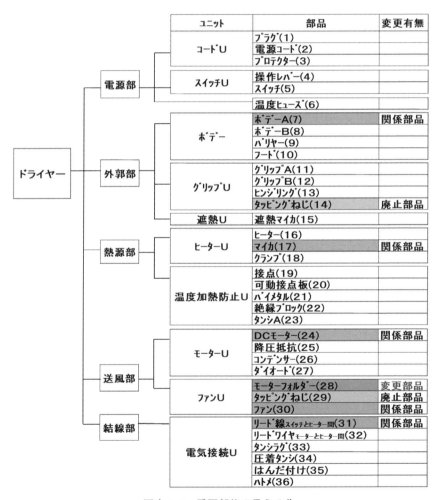

ユニット	部品	変更有無
コードU	プラグ(1)	
	電源コード(2)	
	プロテクター(3)	
スイッチU	操作レバー(4)	
	スイッチ(5)	
	温度ヒューズ(6)	
ボデー	ボデーA(7)	関係部品
	ボデーB(8)	
	バリヤー(9)	
	フード(10)	
グリップU	グリップA(11)	
	グリップB(12)	
	ヒンジリング(13)	
	タッピングねじ(14)	廃止部品
遮熱U	遮熱マイカ(15)	
ヒーターU	ヒーター(16)	
	マイカ(17)	関係部品
	クランプ(18)	
温度加熱防止U	接点(19)	
	可動接点板(20)	
	バイメタル(21)	
	絶縁ブロック(22)	
	タンシA(23)	
モーターU	DCモーター(24)	関係部品
	降圧抵抗(25)	
	コンデンサー(26)	
	ダイオード(27)	
ファンU	モーターフォルダー(28)	変更部品
	タッピングねじ(29)	廃止部品
	ファン(30)	関係部品
電気接続U	リード線スイッチとヒーター間(31)	関係部品
	リードワイヤモーターとヒーター間(32)	
	タンシラグ(33)	
	圧着タンシ(34)	
	はんだ付け(35)	
	ハトメ(36)	

図表 3-9　重要部位の見える化

4. 変更・変化点を漏れなく見つければ構造分析を詳細まで追求できる

3.1 節で記載したように、FMEA、DRBFM も製品構造を上位から下位構造に、構成要素をシステム、部品、部位、材料等に分解し、構成要素間の相互の影響・関連を分析する。変更・変化点を漏れなく抽出するためには、必然的に構造分析を細部まで行う必要がある。当然、変更・変化点がない部位は設計要素を細分化する必要はない。これにより効率的に精度良く設計を行うことができる。

5. 比較できる旧部品がない新規の設計要素はどうなるか？

新規開発部品および新規の設計要素は、一般的には FMEA を行うと言われているが、新規の部品も変更点として扱えば良い。ただし、お手本（比較相手）になる旧の設計要素がないために、本来の機能・要求性能に対して絶対的な問題発見を行う。変更・変化点がある部品は過去の部品と相対的な比較をしながら問題発見をする場合と、良い比較部品がないと機能・要求性能に対して絶対的な問題発見をする場合もある。後者は新規の設計要素と同じであり、よって新規部品も DRBFM で対応できることになる。

6. 新規構造、部品は後の変更・変化点のお手本となる

新規の部品・部位は、将来、変更・変化点のお手本として比較すべき旧部品として使えるために、結果を正確に残しておくと知見が有効利用できる。有効利用とは本来の旧部品との変更・変化点に着目した DRBFM が行えることである。新規の部品での開発知見は、のちの DRBFM に利用するため、開発経緯がわかるように残そう。

7. 変更・変化点に起因する問題の原因のみを発見する

機能の不履行となる故障モードを発見して、その原因を抽出する場合、FTAなどを使って全ての原因を発見することは膨大な作業となるが、変更・変化点が起因する故障モードの原因のみを抽出すれば良い。なぜかと言うと、変更・変化点がない要素には問題は起きないからである。これも変更・変化点を探す重要な理由になる。

例えば車で通勤していたが、都合により電車通勤に切り替える。そのときの問題として「遅刻」をあげよう。変更点となる最寄り駅までの移動手段と距離、電

車の本数などが遅刻の原因として考えられるが、自分の服装を変更しなかった場合は服装による遅刻の原因は起きないので、考える必要はない。駅までの移動手段を自転車に変えるために、服装も変更すると着替えに時間がかかるなど遅刻の原因になるかもしれない。このように変更があることに起因する原因のみを抽出すれば良い。

8. 変更・変化点がそのまま最終の設計要素に採用されない場合もある

　変更・変化点に関係する故障モードの原因の対策をし、良品条件を見つける。しかしその変更・変化点は不変ではなく仮のものである。もっと良い条件が見つかった場合は、新たな変更・変化点を基に最初からそれに対する問題発見・解決をすることになる。この作業は製品開発にとって決して目新しい作業ではなく、通常、このように良品条件を改善する設計活動を行っている。

　以上、1～8で説明してきたように変更・変化点に着目すれば、色々なメリットがあることがお分かりになったと思う。変更・変化点は、漏れなく見つけることが重要になる。そのためにはFMEAと同様に、製品構造を上位から下位構造に、構成要素をシステム、部品、部位、材料等に分解し、構成要素間の相互の影響・関連を分析して（**図表 3-10**）、全ての構造要素からの変更・変化点を抽出することが必要になる。

　FMEAも同じように変更点から対象部品を決めて行われている場合があると思う。しかし、重要なのは変更はないが変化点が発生する部品があり、その変化点の内容を抽出したうえで、旧・新の比較を行わないと問題の原因抽出に漏れが発生することである。

　説明してきたように、漏れなく変更・変化点を抽出し問題発見を行うか、そのプロセスが煩わしければ、変更・変化点には関係なく全ての構造要素から問題発見するかを選択することになる。どちらが効率的かは、読者の皆さんによく考えていただきたい。

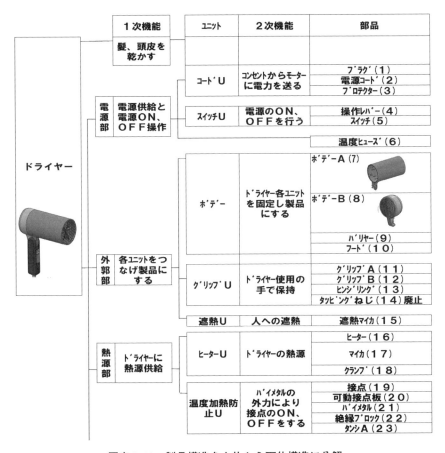

1次機能	ユニット	2次機能	部品
髪、頭皮を乾かす			
	コードU	コンセントからモーターに電力を送る	プラグ（１） 電源コード（２） プロテクター（３）
電源部 電源供給と電源ON、OFF操作	スイッチU	電源のON、OFFを行う	操作レバー（４） スイッチ（５）
			温度ヒューズ（６）
	ボデー	ドライヤー各ユニットを固定し製品にする	ボデーA（7） ボデーB（8） バリヤー（９） フード（１０）
外郭部 各ユニットをつなげ製品にする	グリップU	ドライヤー使用の手で保持	グリップA（１１） グリップB（１２） ヒンジリンク（１３） タッピングねじ（１４）廃止
	遮熱U	人への遮熱	遮熱マイカ（１５）
熱源部 ドライヤーに熱源供給	ヒーターU	ドライヤーの熱源	ヒーター（１６） マイカ（１７） クランプ（１８）
	温度加熱防止U	バイメタルの外力により接点のON、OFFをする	接点（１９） 可動接点板（２０） バイメタル（２１） 絶縁ブロック（２２） タンシA（２３）

ドライヤー

図表 3-10　製品構造を上位から下位構造に分解

第4章　DRBFM のプロセスと帳票

第3章までの説明で、DRBFMをご理解いただいたと思われるのでDRBFMを実施するために、どのような帳票を使用して行えば良いのか、本章で説明する。

　基本プロセスはFMEAとDRBFMで同じと思えば良いが、製品開発において、何故この未然防止のプロセスがあるのか、個々の帳票で何を考え、何を行うのかを理解していただきたい。各帳票類は製品開発を考えるためのツールであり、そのマスにどのような文章を埋めるかが重要ではない。

 注意事項

　一般的にDRBFMを行うと多くの工数を必要とするが、積極的に使えば開発進捗の先が見えるし、自分ではわからない所が見え、自身での勉強、上司、社内知見者からの援助も得られ、トータル工数は下がる。

　一方、帳票の書き方などの細かいルールに縛られると、後ろ向きな作業になり、その煩わしさだけで自分が得るものは何もない。設計作業の一部である創造的な未然防止ができ、かつ自分たちに合うように帳票類も改善を進めていただきたい。

　再度の繰り返しになるが、DRBFMを製品開発に上手く利用して、自分には知見のない所を見える化し、上司、知見者に穴埋めをしてもらい、効率的でかつ問題が発生しない使い方ができるか、余分な業務と思い形骸的に使用するかは、使用する人次第である。

　もう一つ大事なのは、この未然防止のサイクルを回して自分自身が製品開発のプロセス、および技術的な知見を得て成長する活動になるよう積極的に取り組んでいくことである。そうすれば自分の技術者としての将来の姿が見えてくると思う。

4.1 DRBFM で使用する帳票とプロセスの概要

　第 1 章で DRBFM の考え方の大まかなイメージをお伝えした。プロセスは「1）設計情報分析」「2）問題発見分析」「3）問題解決分析」「4）問題フォロー」であり、この内容を実現するために 4 種類の帳票である「①変化点気づきシート」「②部品表・機能展開」「③問題発見シート」「④問題解決シート」を使用する（**図表 4-1**）。

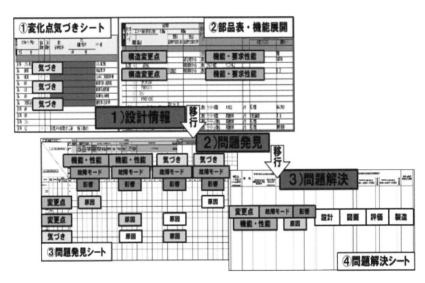

図表 4-1　DRBFM のプロセスと 4 種類の帳票

　DRBFM のプロセスを理解している読者方も、すでに自分で実践している読者方も、これまでのプロセスおよび帳票と比較を行っていただきたい。想像するに、全ては同じではないと思われるので、良いと思われる所は積極的に取り入れていただければ幸いである。

1）設計情報の分析

　良いお手本を選択して、設計構造とその機能・要求性能を分析、お手本と変更・変化点を比較し、その旧・新の差から問題発見の準備をする。

使用帳票① 変化点気づきシート

①-1 製品使用の環境変化点の気づきを得る

製品が置かれる環境全体を広く俯瞰し、あらかじめ準備したキーワードに対して変化点に気づく。

図表 4-2 の左側の「気づきのキーワード」は、担当する製品に合わせて、設計チェックシート、再発防止、過去の不具合から作り込む。「キーワード解説」は、気づきのキーワードから「変化点」を考えるための補足を記載する。そして気づきのキーワードから考えられる「変化点」を真ん中の列に表記する。この変化点は未然防止活動の重要な入り口になる。

┌── 未然防止活動のポイント

気づきのキーワード	変化点	キーワード解説
①仕向け・仕様	無し	商品の販売する国、地域
②性能	無し	商品の性能
③機能	無し	商品の機能
④大気	無し	大気から受ける変化点
⑤高温	熱源からの伝導熱、輻射熱、排気熱による変形で干渉	構造上・環境上・製造上の熱負荷を受ける変化点

図表 4-2　変化点気づきシートの記入例

使用帳票② 部品表・機能展開

FMEA のプロセスで言う「②構造分析」と「③機能分析」を行い、両者の相互関係を発見する帳票である。

②-1 構造分析とその変更・変化点の気づき、その差を比較

図表 4-3 中の破線左側には、どのような構造、部品、材料で構成するかの構造分析と変更・変化点を具体的に見える化するために、お手本の旧部品と新部品を並べ、その構造の旧・新の変更・変化点を比較し、その差を見えるように表記する。

②-2 機能・要求性能の分析と整理

図表 4-3 中の破線より右側に、②-1 の構造、部品、材料に求められる「機能」

N O	ユニット/部品/部位名	旧部品	新部品		機能	要求性能	故障モード
			変更点	変化点			
1	ドライヤーユニット	モーターホルダーxモーターねじ締結	モーターホルダーxモータースナップフィット化固定	締結構造変更によるファンx ボディ-8との隙間の悪化	ファンボディ-8との隙間確保	干渉無きこと	干渉
2	ボディ-7（ボディ-8との嵌合面）	内径φ63.3±0.15	ホルダーとの嵌合面との同軸度公差0.2追加	同軸公差0.2の現状工程能力確認	ボディ-8嵌合出来る	ガタ無く嵌合出来ること	干渉
3	ボディ-7（モーターホルダーとの嵌合面）	内径φ60.3±0.15	ボディ-8との嵌合面との同軸度公差0.2追加	同軸公差0.2の現状工程能力確認	モーターホルダー嵌合面	ガタ無く嵌合出来ること	干渉

②-1 は「新部品」の「変更点」「変化点」を指し、②-2 は「機能」「要求性能」「故障モード」を指す。

図表 4-3　部品表・機能展開の記入例

と「要求性能」、そこから起きる「故障モード（機能の不履行）」を記載する。

2）問題発見の分析

使用帳票③ 問題発見シート

　FMEA のプロセスでは、「④故障分析」に相当する。変更後の設計要素がその機能・要求性能を満たさない問題を発見し、見える化をする。問題発見シートを使い、社内デザインレビューで漏れなく対象問題を発見し、「この構造で開発を続けて良いか？」の議論と合意を行う。

③-1　構造と機能・要求性能を二元表に見える化

　②-1 の内容を図表 4-4 の左側、②-2 の内容を図表 4-4 の上側に配置して、問題発見をするためのマトリクスを構成し、問題の起きる相互影響範囲の見える化を行う。

③-2　機能から考えられる故障モードの抽出

　機能から故障モードを見つけ整理する。故障モード（機能の不履行）とは、破壊、固着、折損、摩耗、変形、緩み、劣化などで故障そのものではなく、システムの故障を引き起こす原因となる構成部品、コンポーネント、ソフトウエアの構造破壊のことを言う。

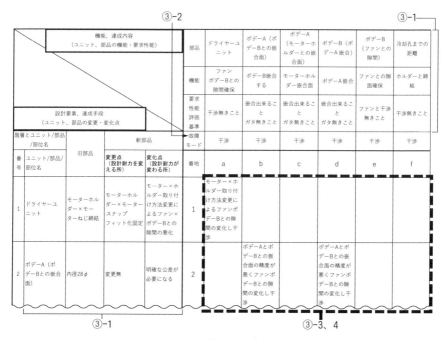

	部品	ドライヤーユニット	ボデーA（ボデーBとの合面）	ボデーA（モーターホルダーとの嵌合面）	ボデーB（ボデーA嵌合）	ボデーB（ファンとの隙間）	冷却孔までの距離
機能、達成内容 （ユニット、部品の機能・要求性能）	機能	ファンボデーBとの隙間確保	ボデーB嵌合する	モーターホルダー嵌合面	ボデーA嵌合	ファンとの面確保	ホルダーと締結
	要求性能評価基準	干渉無きこと	嵌合出来ることガタ無きこと	嵌合出来ることガタ無きこと	嵌合出来ることガタ無きこと	ファンと干渉無きこと	干渉無きこと
設計要素、達成手段 （ユニット、部品の変更・変化点）	故障モード	干渉	干渉	干渉	干渉	干渉	干渉
	番地	a	b	c	d	e	f

番号	ユニット/部品/部位名	旧部品	変更点（設計耐力を変える所）	変化点（設計耐力が変わる所）	1	2
1	ドライヤーユニット	モーターホルダー×モーターねじ締結	モーターホルダー×モータースナップフィット化固定	モーター×ホルダー取り付け方法変更によるファン×ボデーBとの隙間の悪化	モーター×ホルダー取り付け方法変更によるファンボデーBとの隙間の変化し干渉	
2	ボデーA（ボデーBとの嵌合面）	内径28φ	変更無	明確な公差が必要になる	ボデーAとボデーBとの嵌合面の精度が悪くファンボデーBとの隙間の変化し干渉	ボデーAとボデーBとの嵌合面の精度が悪くファンボデーBとの隙間の変化し干渉

図表4-4　問題発見シートの記入例

③-3　変更に関わる心配点（故障モードが起きる原因）を抽出

故障モードが何故起きるか、変更・変化点に起因する原因を発見し記載する。

③-4　お客様への影響を考える

故障モードを起こす原因がお客様にどのように影響するか、最悪の状態を考える。

③-5　問題発見の社内デザインビューを行う

問題発見シートを使って、「この構造で開発を進めて良いか？」のデザインレビュー（DR）を行い、社内合意する。

3）問題解決の分析

使用帳票④ 問題解決シート

対象問題点に対して原理、原則に沿って問題を消し込める具体的な対策案を考

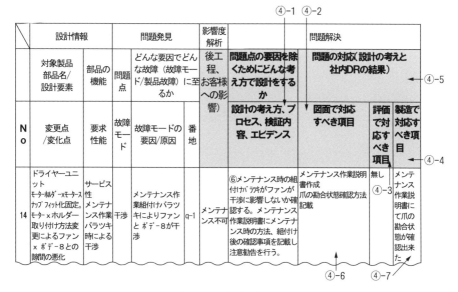

④-1 ④-2

No	設計情報		問題発見		影響度解析	問題解決			
	対象製品 部品名/設計要素	部品の機能	問題点	どんな要因でどんな故障（故障モード/製品故障）に至るか	後工程、お客様への影響	問題点の要因を除くためにどんな考え方で設計をするか	問題の対応(設計の考えと社内DRの結果)		
	変更点/変化点	要求性能	故障モード	故障モードの要因/原因	番地	設計の考え方、プロセス、検証内容、エビデンス	図面で対応すべき項目	評価で対応すべき項目	製造で対応すべき項目
14	ドライヤーユニット モーターホルダーxモーターx カブフィット化固定。 モーターxホルダー取り付け方法変更によるファンx ボデ-8との隙間の悪化	サービス性 メンテナンス作業時による干渉	干渉	メンテナンス作業組付けバラツキによりファンとボデ-8が干渉	q-1 メンテナンス不可	⑥メンテナンス時の組付けカバラウ外がファンが干渉に影響しないか確認する。メンテナンス作業説明書にメンテナンス時の方法、組付け後の確認事項を記載し注意勧告を行う。	メンテナンス作業説明書作成 爪の勘合状態確認方法記載	無し	メンテナンス作業説明書にて爪の勘合状態が確認出来た

④-5
④-4
④-3
④-6 ④-7

図表 4-5　問題解決シート

え、最良の対策を選択し、要求性能に対して余裕があるかの机上検証を行う。結果をもとに社内デザインレビューを行い、図面の記載内容を議論して決定する。

[各項目の説明]

④-1　設計の考え方、プロセス、検証内容、エビデンス

　問題の原因を除くためにどんな設計をするかの計画と実施内容を記載する（図表 4-5）。

④-2　図面で対応

　問題解決の設計意図を明確にし、後工程に伝えるべき図面の良品条件を記載する。公差設計の結果を図面に表現する考え方は第5章で説明する。

④-3　評価で対応

　設計の考え方の成否を現物で確認する評価条件と、その確認結果を記載する。

④-4　製造で対応

図面良品条件の意図を製造へ伝え、それを製品に落とす手段、合意内容を記載する。

④-5　問題解決の社内デザインビューを行う

問題解決シートで「この図面で生産準備を進めて良いか？」のDRを行い、社内合意する。

4)　問題フォロー

|使用帳票④| 問題解決シート

活動で到達した設計良品条件、DRで決まったことが製品に漏れなく織り込まれ、お客様の手にわたるようになっているか、それを作れる工程になっているかを「④問題解決シート」を使い確認する（図表4-5）。DRBFMの締めくくりの活動である。

④-6　ここまでの活動が製品で実現されているか

図面で対応すべき項目が製品に織り込まれているか確認する。

④-7　それが作られるような工程になっているか

製造で対応すべき項目が工程に織り込まれているか確認する。

 注意事項

最初からDRBFMと公差設計が連携したプロセスでは、DRBFMがわかり難い。そのため本章では、公差設計を入れていないDRBFMのみのプロセスを解説した。両方が連携したプロセスは7.5節で説明する。

DRBFMはDRが主体のツールと思われがちだが、設計の完成度の良い状態でないとそのDRが有効に発揮できない。設計者がしっかり考えることが一番である。設計者が設計情報を見える化し、社内の知見で補い、責任ある製品を世の中に送り出したい。

第 5 章　DRBFM と公差設計の連携が何故必要か？

5.1　理由1　未然防止活動を一気通貫で行いたい

　ここから本題である「DRBFM と公差設計の連携」の説明をする。DRBFM などの未然防止活動を行い公差問題の発見ができても公差設計の知識が少なく、上手に図面化できない場合は未然防止が完結に至らない。

　また、公差設計を実施し、上手に図面化できても、未然防止活動の知識が少なく、漏れなく公差上の問題および原因が発見できない場合も、未然防止活動は完結しない。どちらかだけを熟知していても、信頼性のある製品は開発できないことになる。双方を熟知しているが、同じような活動範囲があり、それを上手く排除しないと、重複した業務になり工数、時間が無駄に費やされる。

　次節で説明するが、特にメカ系製品※においては、バラツキを避けて開発することはできない。この両者を上手く連携させ、未然防止活動で公差に関する問題の発見と公差設計の実施により、正確に図面表記を行うようなバトンタッチを一気通貫でできると、設計者にとって大変嬉しい。

　もちろん、このような行為は本来行うべき設計行為のため、十分に経験を積んだ設計者は意識しなくても自然に行えていると思う。しかし、経験のない設計者は対応ができず困っている場合があると思われるので、一気通貫の手法、プロセスを本書から会得し、誰でもできるように、製品開発のプロセスに取り入れていただければ幸いである。

5.2　理由2　機械的な故障モードは公差設計に関係

　未然防止活動と公差設計の連携が必要なもう1つの理由は、メカ系製品で起きる機械的な故障モードは図表 5-1 に示すように、分ける人により異なるものの、約14項目に大別される。その約7割が公差設計に関係し、かつ解決できる問題である。

　未然防止活動と公差設計が連携できれば大半の問題が発見・解決できるため、

※メカ系製品：機械的な構成要素を持った製品

図表 5-1　メカ系製品で起きる機械的な故障モードと公差の影響

	故障	モード公差の影響	備考
1	破壊		
2	亀裂		
3	変形	部品公差	製造中、使用中の変形
4	緩み	圧入、はめあい公差	勘合部精度による緩み
5	外れ		
6	剥れ		
7	摺動抵抗	部品公差、ガタ、表面バラツキ	摺動抵抗に影響する部品バラツキ
8	摩耗	部品公差、ガタ、表面バラツキ	摩耗に影響する部品バラツキ
9	干渉	部品公差、ガタ、表面バラツキ	干渉に影響する部品バラツキ
10	洩れ	部品公差、ガタ、表面バラツキ	漏れに影響する部品バラツキ
11	詰り	部品公差、ガタ、表面バラツキ	詰りに影響する部品バラツキ
12	異音	部品公差、ガタ、表面バラツキ	異音に影響する部品バラツキ
13	固着	部品公差、表面バラツキ	固着に影響する部品バラツキ
14	透過		

変更点から効率的に未然防止が行え、公差設計と連携しやすい DRBFM を使用する。FMEA でなく DRBFM を選んだ理由は 2.2 節、3.1 節、3.2 節で記述したので再度確認していただきたい。

5.3　DRBFM と公差設計の連携とは？

　DRBFM と公差設計の連携を徒競走のリレーに例えると、前走者が DRBFM、後走者が公差設計であり、上手にバトンタッチをすることだと考えてみよう。前走者の DRBFM の役割は、お客様が求める機能・性能に対して製品を実現すべく、システム構造および個々の部品の設計の考え方を明確にして、発生する問題点を発見することである。これをまとめると下記の 3 項目となる。

・求められる製品機能、性能を満足する製品構造、部品を考える
・公差を最小にする構造、部品、形状材料などを考える
・公差に関係する問題を見える化し、その原因を発見する

図表 5-2 の網掛けの公差に関連する問題は、公差計算のみに注目しただけでは漏れなく発見できない。この部分が DRBFM の重要な役割で、広く製品が使用される環境に思いを馳せ、色々な製品環境の影響を考える必要がある。

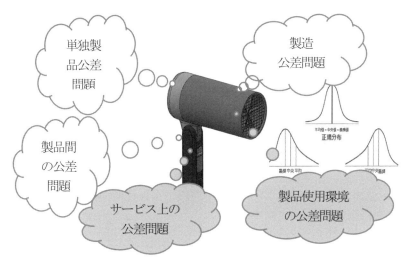

図 5-2　公差問題の種類を DRBFM で考える

　このように後走者にうまくバトンタッチするために、本書の第 8 章 8.2 節の図表で紹介するキーワードを使用すれば、誰でも環境に起因する公差問題に気づくことができるので試していただきたい。

　後走者である公差設計の役割は、DRBFM で発見できた公差問題に連携して、公差に関係する部品寸法から公差計算を行い、各部品に適切な公差の振り分けを行い、幾何公差を使用して設計意図を図面に表現し、製造工程に正確に伝えることである。

　　・一回の公差計算で不成立の場合は再度振り分けを行い、適正な公差値を設定
　　　できるまで繰り返す。このとき公差計算書を使用する。公差計算書については、8.1 節で詳解する。

　　・設計者の意図を、幾何公差を使用して図面に表現し、後工程に正確に伝わる
　　　ように表現する。**図表** 5-3 に幾何公差による図面指示の事例を示す。

　詳細は第 6 章以降で順を追って説明するので、ここではイメージとして捉えて欲しい。

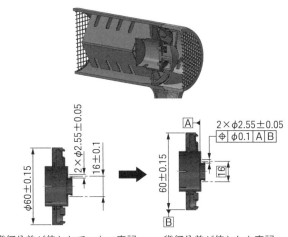

幾何公差が使われていない表記　　　幾何公差が使われた表記

図表 5-3　図面指示事例

第6章 ケーススタディで扱う製品と変更点

ここからは、DRBFM と GD＆T の連携のケーススタディを説明するため、扱う事例にする製品とその変更点を説明する。

6.1　ヘアードライヤーの主な構成部品

　一般的に使用されているヘアードライヤーに 6.3 節で説明する変更点を設けケーススタディとする。主要な構成部品を説明すると製品形状を変更する唯一の部品である「ホルダー28」、それに固定される「モーター24」「ねじ」、モーターシャフトに圧入される「ファン 30」、それらを収納する「ボデー7」、ボデー7 と勘合してファンをカバーする「ボデー8」から構成されている（**図表 6-1**）。

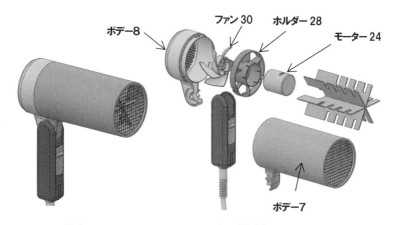

図表 6-1　ヘアードライヤーの主な構成部品の 3D 形状

ドライヤーの構成部品を階層図に表現すると**図表 6-2** のようになる。構成の全体を、構成部品とその変更部品、関係部品として見える化を行うと、後の構造分析、それに伴う機能分析とその相互の影響が整理し易い。

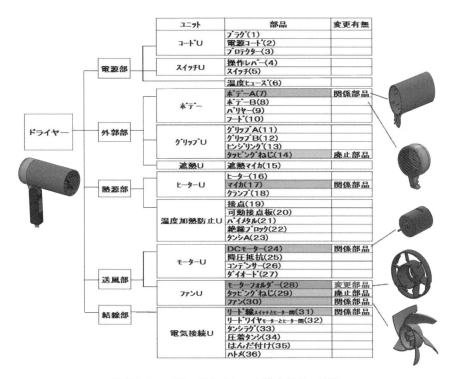

ユニット	部品	変更有無
コードU	プラグ(1)	
	電源コード(2)	
	プロテクター(3)	
スイッチU	操作レバー(4)	
	スイッチ(5)	
	温度ヒューズ(6)	
ボデー	ボデーA(7)	関係部品
	ボデーB(8)	
	バリヤー(9)	
	フード(10)	
グリップU	グリップA(11)	
	グリップB(12)	
	ヒンジリング(13)	
	タッピングねじ(14)	廃止部品
遮熱U	遮熱マイカ(15)	
ヒーターU	ヒーター(16)	
	マイカ(17)	関係部品
	クランプ(18)	
温度加熱防止U	接点(19)	
	可動接点板(20)	
	バイメタル(21)	
	絶縁ブロック(22)	
	タンシA(23)	
モーターU	DCモーター(24)	関係部品
	降圧抵抗(25)	
	コンデンサー(26)	
	ダイオード(27)	
ファンU	モーターフォルダー(28)	変更部品
	タッピングねじ(29)	廃止部品
	ファン(30)	関係部品
電気接続U	リード線スイッチとヒーター間(31)	関係部品
	リードワイヤモーターとヒーター間(32)	
	タンシラグ(33)	
	圧着タンシ(34)	
	はんだ付け(35)	
	ハトメ(36)	

（電源部、外郭部、熱源部、送風部、結線部の各ユニット区分あり）

図表 6-2 ヘアードライヤーの構成部品一覧表

6.3　ケーススタディの設計変更点

　ヘアードライヤーを原価低減、作業工数低減の目的で、モーターとホルダーの固定方法を2本のねじ締結から、ホルダー樹脂一体形状のスナップフィット固定構造※に変更する（**図表6-3**）。

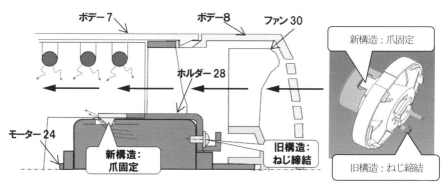

注：新構造の爪部はヒーターからの温風モーターの熱、冷却風の熱環境化にある

図表6-3　ヘアードライヤーの設計変更点

6.4　設計の考え方

　新しい製品開発をする時はもちろん、改善変更を織り込むときもそうだが、どのような設計にするか、商品性も含めて考えをまとめることは重要で、その都度設計の考え方がコロコロ変わるようでは良い商品は開発できないし、未然防止もできない。詳細の開発計画書はあるはずで、そこから変更・変化点の大枠は読み取れると思う。本課題の設計の考え方を下記に記載したので参照いただきたい。

※スナップフィット固定：部品に設けた凸部（保持部）を、材料の弾性を利用して受け手側の凹部にはめ込んで引っ掛けることにより、機械的に固定する組立て方法

1) 変更の目的と理由
　　・全てのねじ締結を廃止して製品原価、作業工数を下げる
　　・市場の実情にあった性能要件（使用年数など）に見直す（変更部のみ適用）
2) 原価低減目標額：○○円以上、製造工数低減：□□秒以上
3) 変更箇所
　　モーターとホルダーのねじ締結をスナップフィット固定（**図表 6-4**）
　　・ホルダーの形状を変更しモーター固定用の爪を新たに設定……①
　　・モーター外筒の冷却穴でホルダーの爪を嵌合することにより固定……②
　　　これによるモーター冷却孔の形状変更はなし

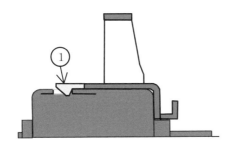

図表 6-4　変更内容

4) 性能要件
　　・製品の使用環境状態でモーター外れ荷重：○○N 以上
　　　使用環境は従来から変更なし（6.5 節の説明を参照）
　　・お客様が誤って落下したときにも外れなきこと
　　　落下の条件は別途後で検討する
　　・想定使用年数などは別途検討する
　　・構造変更によりお客様が使用時に干渉等での異音がなきこと
　　　特にファンとボデー8 との干渉はお客様のあらゆる使用状態でなきこと

6.5　商品の使用環境の説明

　製品の使用環境を明確にすることは未然防止（製品開発）では重要な行為である。なぜなら、お客様が使用するであろう環境と要求を満足しないと、商品にはならない。また、ある使用環境においては素晴らしい製品であるが、別の使用環境には滅法弱いようでは、多くのお客様に満足いただけないし、製品コストも高くつき収益を満足しない。よって、満遍なく使用環境を満足する必要がある。

　そのためには、お客様の使用環境の調査と他社製品との比較も重要になってくる。例えば他社の製品に対して、気になる使用環境を選び、その環境にて壊し切り評価を行い、その絶対値を比較することも必要になってくる。

　本書の事例である公差による干渉問題も、このようなお客様の使用環境に全く変化はないが、設計構造が「ねじ締結からスナップフィット固定」になれば、製品への使用環境ストレスが全く同じでも、製品変更により設計耐力が変わるために問題が起きるかもしれない。使用環境の要求性能を評価条件にするためには、個々に具体的な数値に落とす必要がある。以下にヘアードライヤーの使用環境の要求事例を示す。あくまでも本書の演習課題の参考事例と受け止めていただきたい。

　・使用時の環境温度（使用する大気温）：－○○〜○○℃
　・使用地域：国内限定
　・使用場所：風呂場、洗面所、台所
　・保管場所：洗面所（高温多湿）
　・使用者：個人の家庭
　・乾燥対象：毛髪、濡れた衣服など
　・メンテナンス：故障時自分で分解の可能性もあり

第 7 章　DRBFM と GD&T の連携ケーススタディ

未然防止活動における「DRBFM と GD&T の連携」をヘアードライヤーの変更点によるケーススタディで説明をする。

7.1　ケーススタディの登場人物

A：ヘアードライヤーの設計担当者

第6章で説明した変更点の設計担当者になり、特に変更から起きる重要な背反であるファンとボデー8の隙間に干渉問題が起きないか、漏れなく原因抽出とその設計的な解決結果を製造に正確に伝えることができる図面表記方法について試案している。

B：GD&T のエキスパート

ケーススタディで、公差に関する問題発見、考え方、公差計算方法、幾何公差での図面指示など、GD&T の考え方について、具体的にアドバイスを行う。

C：DRBFM のエキスパート

良い品質であることと Lean であることが両立した、製品開発推進のための DRBFM 実現を念頭に、DRBFM と GD&T の連携手法の考え方を演習事例にて説明し、アドバイスを行う。

7.2　ケーススタディの概要
　　（A が業務で達成すべきタスク）

第6章でも説明したように、**図表 7-1** に、現行図面におけるドライヤーの構造の概要を示す。変更点に関係するヘアードライヤーの主要構成部品は、モーター、ファン、ホルダー、ボデー7、ボデー8から成り立っており、モーターとホルダーはねじで締結されていて、ファンとボデー8との間に隙間 Z がある。

ファンとボデー8との隙間は送風効率の観点からなるべく小さいほうが良いが、本課題の意図には変更以前よりさらに隙間を狭くする考えはない。ファンとボデー8との干渉問題はヘアードライヤーにとっては致命的な不具合になるために絶対に起こすことは許されない。

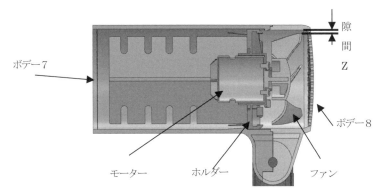

図表7-1　ヘアードライヤーの構造の概要

　モーターとホルダーの締結を2本のねじからホルダー樹脂一体によるスナップフィットに構造変更することにより、お客様の使用を想定される条件7.4節でも現行並みの隙間を確保できる設計（現行とベース寸法が同じで公差が同じか小さい）としたい。「ファンとボデー8との隙間：Z」が変更前より悪化しないかをBとCの2人のエキスパート（DRBFMとGD＆T）の知見も借りて、業務のやり直しを最小限に、かつ問題ない図面を作り上げたいと思っている。目標としては、活動の成果がすぐ見え易い指標として、開発時の設計変更件数0件を目指す。

7.3　関係する部品と部品の公差

　現行製品に対して公差設計の基本的な考え方は以下のとおりである。
・変更点がある部位は、変更前構造の公差より悪化しない構造となるように、公差設計を行う（DRBFMとGD＆T）
・「ファンとボデー8との隙間：Z」に間接的に関係はするが形状変更はなく、図面への公差指示方法に変更がある部品は、変更点として扱う

・実製品を測定し、図面指示を追加して、実際の部品はそのままとする（GD＆T）

・「ファンとボデー8との隙間：Z」に間接的に関係すると予想される部品がこれ以外にないか、DRBFM のプロセスで発見する（DRBFM）

・**図表 7-2** に予想される問題点を記載した。**図表 7-2**、**図表 7-3** の３つの網掛け部位は現行構造から想定される問題点であり、新構造の問題点はまだ全ては表記できていないので、どんなことが想定されるか考えていただきたい。これについては第 8 章で説明する。

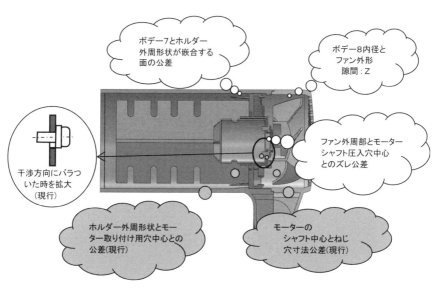

ボデー7とホルダー外周形状が嵌合する面の公差

ボデー8内径とファン外形隙間：Z

ファン外周部とモーターシャフト圧入穴中心とのズレ公差

干渉方向にバラついた時を拡大（現行）

ホルダー外周形状とモーター取り付け用穴中心との公差（現行）

モーターのシャフト中心とねじ穴寸法公差（現行）

図表 7-2　ねじ締結のバラツキ箇所（現行構造）

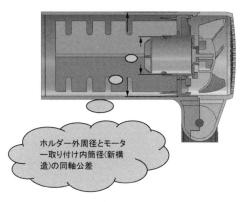

ホルダー外周径とモーター取り付け内筒径（新構造）の同軸公差

図表 7-3　固定構造をスナップフィット化のバラツキ箇所（新構造）

 注意事項

　本書では各部品のバラツキはモーターシャフト軸に水平方向のみを考慮に留めた。実際には色々な部品は水平だけでなく、**図表 7-4** のように傾きを考慮する必要があるが、課題を単純化して DRBFM と公差設計の連携に内容を絞った。公差設計の詳細は、拙著『ケーススタディで理解する幾何公差入門』等の書籍を参照いただきたい。

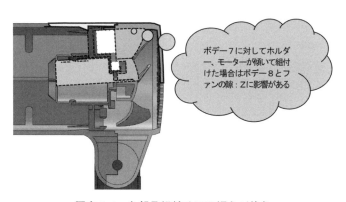

ボデー7に対してホルダー、モーターが傾いて組付けた場合はボデー8とファンの隙：Zに影響がある

図表 7-4　各部品組付けには傾きが伴う

7.4 製品の機能・性能、環境気づきキーワード

　まずは問題発見のスタートとして、製品をお客様が使用したり、製造で作ったりする、使用と製造環境からの変化点がないか、漏らさず気づくための気づきキーワードを、**図表7-5** に例として示す。変更に対して「ファンとボデー8との隙間：Z」が影響する変化点を探すキーワードである。以下にその内容を解説する。

1. お客様が製品を使うときに、その製品に関係する使用環境の事例を説明する。例えば「⑤高温」は課題の変更（ねじ締結をスナップフィット固定）で、高温という使用環境は何も変わらないが構造的にモーターの冷却孔が塞がれることによりモーターの温度が高くなり、動作不良、またホルダーの爪部にその熱が加わることにより部品各部に変形が生じ、ファンとボデー8が干渉する可能性が考えられる。他にも記載事例のようにキーワードの影響がないか考えていただきたい。

　　　<u>使用環境</u>のキーワード事例：④大気、⑤高温、⑥低温、⑦湿度、⑧高温・
　　　　　　　　　　　　　　　　低温、湿度複合、⑨雰囲気、⑩振動、⑪電源、
　　　　　　　　　　　　　　　　⑭環境剤、⑯埃、⑰雪、氷、雷、水、雨

2. お客様が使用される特殊な使い方も含めて、ねじ締結をスナップフィット固定することの変更が影響しないか、キーワードで考えていただきたい。色々な問題が潜んでいるかもしれない。「⑱危害性」とは、お客様が使用中の怪我を言う。

　　　<u>お客様の使い方</u>キーワード事例：⑱危害性、⑲使い方

3. モーターの故障時などのサービス性を、お客様自身の分解も含めて考えると、後での組付け状態が悪いとファンとボデー8の干渉に繋がるかもしれない。

　　　<u>メンテナンス</u>キーワード事例：⑳サービス性

4. ねじ締結をスナップフィット固定に変更することにより、製造・組み立てが難しくなり、ファンとボデー8が干渉する可能性が考えられる。特に「㉖検査」はねじの締結状態の確認から爪の嵌合状態確認に変更になり、大きな

作業変化になる。

　<u>物つくり</u>のキーワード事例：㉔組立、㉕単品製造、㉖検査

　キーワードの記載内容は例であり、全ての製品に共通ではなく、各製品にあったキーワードを整備すると問題発見の精度が高まるので、是非例を参考に作っていただきたい。

気づきのキーワード	キーワード解説
①仕向け・仕様	商品の販売する国、地域の変化点
②性能	商品に求められる性能の変化点
③機能	商品に求められる機能の変化点
④大気	大気から受ける変化点
⑤高温	構造上・環境上・製造上の熱負荷を受ける変化点
⑥低温	構造上・環境上・製造上の低温に関する変化点
⑦湿度	湿度を受け易い構造の変化点
⑧高温、低温、湿度複合	複合した使用環境上の変化点
⑨雰囲気	製品が置かれる大気の状況の変化点
⑩振動	共振し易い構造・形状の変化点
⑪電源	電源の安定、オンオフの状況の変化点
⑭環境剤	環境剤が付着・溜り易い構造の変化点
⑯埃	製品への塵、埃の付着の変化点
⑰雪、氷、水、雨	製品への雪、氷、水、雨の直接、間接的な影響の変化点
⑱危害性	お客様が製品を使用中の怪我に関する変化点
⑲使い方	お客様が製品の使い方の変化点
⑳サービス性	販売店での修理方法、補給形態の変化点
㉑原価	製品原価の増減
㉒質量	製品質量の増減
㉓原価/質量	質量当たりの原価の増減
㉔組立	組立の製造要件の変化点
㉕単品製造	単品の製造要件の変化点
㉖検査	検査の要件の変化点
㉗工数	製造工数の増減

図表7-5　製品の機能・性能、環境キーワード

補足

　モーターとホルダーの固定構造がスナップフィット固定に変わってもお客様の使用上の環境は全く変わっていない。このように製品の設計構造が変わるとその製品が受けるストレスの影響に変化があるかもしれない。言い換えるとストレスは同じだが、設計耐力（ストレングス※）を変更することにより問題が起きる可能性がある。設計耐力が明らかに低下しない場合は意識しなくても良いが、製品には色々なストレスがあるので図表 7-5 で確認すれば問題を早期に発見でき、その構造で開発を進めて良いか否かの判断材料になる。このキーワード確認だけで未然防止の先が大分見えてくることになる。

　※ストレスとストレングスの違い

　　例えば、ある部品の太陽の直射熱（ストレス）の変化はないが、材料が鉄から樹脂に変更になると熱に対する設計耐力（ストレングス）が低下して変形が発生する可能性がある。

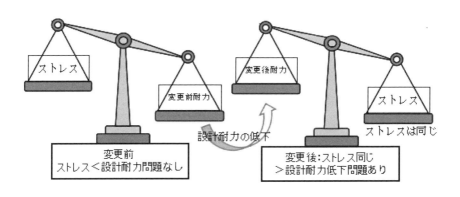

7.5　DRBFM と GD&T が連携したプロセス

本節では、4.1 節で説明した DRBFM のプロセスに公差計算の Step1〜Step5 を取り入れ、DRBFM と GD&T が連携し一体化したプロセスを説明する。内容の説明は 4.1 節との重複を避けるために、追加した GD&T（Step1〜Step5）に関係した所のみとする。プロセスの全体は第 8 章から具体的な演習を含め説明する。

1) 設計情報の分析

変更前の図面から設計構造とその機能をお手本として旧・新の比較を行い、変更・変化点を発見し、公差問題発見の準備をする。旧図面が正しくない場合は、正しい図面に修正して、再度公差計算を行ったうえで旧・新比較を実施する。

1)-1　現行の分析

現行の設計、製品がどの様な成り立ちか分析を行い、現行の図面での公差計算を行う。まずは現行図面で公差計算に関係する図面寸法を整理し「**Step1 現行図面における公差計算の実施**」を行う。現行図面で公差計算に関係する図面寸法の表示に誤りがある場合は「**Step2　現行図面での正しい公差計算の実施（GD&T）**」を行う。

1)-2　製品環境の変化点の気づき

1)-3　構造分析とその変更・変化点の気づき、その差を比較

現行の正しい公差計算を基に、「**Step3　新構造での公差計算（GD&T）上の変化点抽出**」を行う。

1)-4　機能・要求性能の分析と整理

2) 問題発見の分析

変更後の設計要素とその機能・要求性能から漏れなく公差問題を発見する。各責任部署の立場で問題発見し、社内的なデザインレビューで問題を出し切り、「この構造で開発を続けるか？」の議論と合意を行う。

2)-1　設計要素と機能・要求性能を二元表に見える化

2)-2　機能から考えられる故障モードの抽出

2)-3　変更に関わる心配点（故障モードが起きる原因）を抽出

2)-4　お客様への影響を考える

2)-5　問題発見の社内 DR を行う

3) 問題解決の分析

　抽出した公差問題を消し込める具体的な対策案を考え、最良の対策の選択と対策が完了できるか公差計算で確認を行い、問題がなければ現物評価にて、「ファンとボデー8の隙間：Z」に変更前と変化がないか確認を行う。社内的なデザインレビューで最終対策案と図面記載の内容を決定する。

　3)-1　問題の原因を除くためにどんな設計をするかの計画と実施

　3)-2　公差設計と幾何公差（GD&T）による問題解決のための設計者の意図を明確にし、後工程に図面で良品条件を正しく伝える。現行の正しい公差計算を基に変更・変化点を加えた公差計算「**Step4　新構造における公差計算の実施（GD&T）**」を行う

　3)-3　現物の評価で設計の考え方の成否の確認を行う

　3)-4　図面の良品条件の意図を製造へ伝え、それを製品に落とす手段を合意する

　3)-5　問題解決の社内 DR を行う。社内 DR で抽出された問題点に対応した最終の公差計算「**Step5　問題点の対応により再公差計算の実施（GD&T）**」を実施

　3)-6　対応の結果、実施した活動フォローを行う

4) 問題フォロー分析

　この内容は演習としては実施できないため、「3) 問題解決の分析」の3)-6に表記した。

5) プロセスの全体像

　図表 7-6 で DRBFM と GD&T が連携したプロセス全容を見えるようにした（図中のアルファベットは 8 章以降で解説する演習に対応している）。具体的な実施内容は 8～11 章の演習事例により説明する。

1) 設計情報の分析

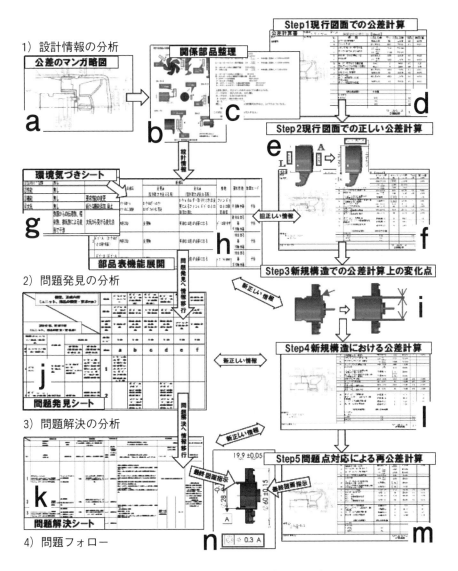

公差のマンガ略図

a

関係部品整理

b

c

Step1現行図面での公差計算

d

Step2現行図面での正しい公差計算

e

旧正しい情報

f

環境気づきシート

g

設計情報

h

部品表機能展開

問題発見へ情報移行

Step3新規構造での公差計算上の変化点

新正しい情報

i

2) 問題発見の分析

問題発見シート

j

新正しい情報

Step4新規構造における公差計算

l

3) 問題解決の分析

問題解決へ情報移行

問題解決シート

k

新しい情報

最終図面指示

19.9 ±0.05

⌀60 ±0.15

n

⌀ 0.3 A

最終図面指示

Step5問題点対応による再公差計算

m

4) 問題フォロー

図表 7-6　DRBFM と GD ＆ T が連携したプロセス

　DRBFMの各プロセスの詳細を説明するために、8章で使用する項目を記載した。表記内容は「活動目的」→「活動ポイント」→「何が起きるか」を理解して「演習事例」「演習事例解説」で理解度を確認して自分の製品に置き換えながら、その理解を確実なものにしていただきたい。

☆活動目的	：各プロセスでどのような目的で実施すれば良いのか、また、このプロセスの役割は何かを記載した。この項目を理解して活動を始めること。
☆活動ポイント	：目的、役割を果たすための注意すべきポイントを記載した。
★何が起きるか	：このプロセスが正確に行えていないとあとで何が起きるか具体的な事例を説明し、重要性を喚起した。あとでそのような後悔をしないよう参考にしていただきたい。
☆演習事例	：「活動目的」→「活動ポイント」→「何が起きるか」を、ドライヤーの変更課題の具体的な作成事例で紹介する。
☆演習事例解説	：演習での作成事例の技術的な考え方の解説を行う。

 補足

　本書のDRBFM解析の技術的な内容は、ねじ締結から爪によるスナップフィット固定にした場合のファンとボデー8干渉問題に限定した紹介になるが、DRBFMの必要なプロセスは全て網羅した紹介になっている。

第8章　プロセス　1）設計情報の分析

いよいよここから事例演習により DRBFM と公差設計の連携を進める。まず、製品開発のために収集した設計情報の分析を行い、該当製品をあらゆる方向、角度から、公差に関係する変更・変化に気づく必要がある。

　理由は、変更部位は初めて市場に出すためにお客様の目に触れていないので、潜んでいる可能性がある問題を見つける準備を行う。ここで言う変更とは、新規部位も含めて変更と扱う。また、変更してもいないのに変わってしまう場合もあるので、変更していない部品も変更の影響がないか、変化点の確認を行う必要がある。

　漏れなく発見するためには、気づきシート（図表 4-2）の様にキーワードを使った発見が望ましい。気づきシートの項目は、前にも述べたが、製品ごとに異なるため、その製品における過去の不具合、チェックシートなどから項目を抽出して作ると精度が高く効率的な変化点の気づきができる。

　注意点は、一般的なチェックシートのように、ないことをチェックするのではなく、変化があることを見つけ出すことが重要である。

8.1　現行の分析

　現行の設計、製品がどのような成り立ちか分析を行い、現行の図面での公差計算を行う。

☆活動目的

　正しく変更点を比較するために、現行の設計がどのような考え、図面指示になっているかを学び整理をする。

☆活動ポイント

　図面公差指示が曖昧な表現であれば、正しく修正した状態を旧の設計要素として取り扱う。そのためには、現行各部品の図面指示内容で公差計算を実施し、図面指示の問題点を発見し、図面上の問題があれば修正して正しい現行図面で公差計算を行う。

★何が起きるか

　比較対象が曖昧であると正確な問題抽出が行えず、問題の漏れが発生する。本課題の場合は、現行よりファンとボデー8の隙間が少なくならないという設計目

標を設定しているために、お手本にすべき旧の状態に間違いがあれば当然、間違った判断となる。これは、現行がどのような考えで設計されているかを学ぶことになり、仮に何も比較対象がない状態から始めるより格段に問題発見の精度も高く、工数も少なくて済む。

それでは現行の分析を、演習課題のプロセスに沿って解説していく。

8.1.1　Step1 現行図面における公差計算の準備

現行図面における公差計算を行うことで、現在、どのような考え方で設計が行われているのか、公差計算で必要なポイントが見落とされていないかなどの課題点を抽出する。

公差計算においては、一番はじめに説明図（マンガのような略図表）を描くことが必要になる。実は、この説明図さえ描ければ、公差計算は圧倒的に簡単になる（**図表8-1**）。

なお、本書は DRBFM との連携を説明することを主体としているため、公差計算は「ワーストケース」※だけを考えて計算を進めていく。

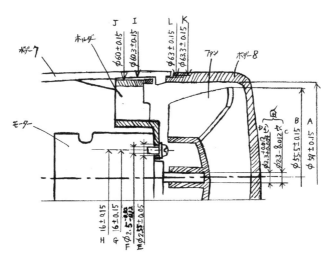

図表8-1　ドライヤーの公差説明（図表7-6a）

※ワーストケース：累積公差が最大になる計算を言う。公差計算方法には、公差の平方和の平方根によって公差の累積を求める「二乗和平方根」やその他の方法が存在するが、本書では詳細は割愛する。

8.1.2　現行各部品の図面から公差に関係ある図面寸法を明確にする

　図面の状態を公差計算に影響する設計要素に限定して記載する。図表6-2から変更部品、変更に関係する部品を選択する。図表6-2では気づいていなかった、公差設計の観点で図面指示を正す部品も関係するので、確認して追加すること（図表8-2）。

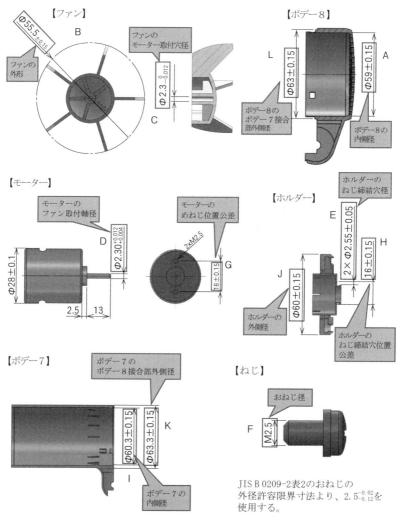

図表8-2　現行図面の必要寸法公差（図表7-6b）

8.1.3 現行図面での公差計算を行う

以上の情報から公差計算をしてみよう。まず、ファンとボデー8の隙間 Z の計算に必要な要因の詳細は、次のとおりである（図表7-6c）。

A：ボデー8の内側径　　　　　59 ± 0.15

B：ファンの外形　　　　　　55.5 ± 0.15

C：ファンのモーター取付穴径　$2.3 \begin{smallmatrix} 0 \\ -0.012 \end{smallmatrix}$　→　中央値に変換して 2.294 ± 0.006

D：モーターのファン取付軸径　$2.3 \begin{smallmatrix} 0.012 \\ 0.004 \end{smallmatrix}$　→　中央値に変換して 2.308 ± 0.004

E：ホルダーのねじ締結穴径　　2.55 ± 0.05

F：おねじ径　　　　　　　　$2.5 \begin{smallmatrix} -0.02 \\ -0.12 \end{smallmatrix}$　→　中央値に変換して 2.43 ± 0.05

G：モーターのめねじ位置ズレ　16 ± 0.15

H：ホルダーのねじ締結穴位置公差　16 ± 0.15

I：ボデー7の内側径　　　　　60.3 ± 0.15

J：ホルダー外側径　　　　　60 ± 0.15

K：ボデー7のボデー8嵌合部内側径　63.3 ± 0.15

L：ボデー8のボデー7嵌合部外側径　63 ± 0.15

上記に加え、穴とピンのガタが以下のとおりとなる。

C－D ガタ：圧入のため、ガタなし（ピン径が穴径よりも大きい）

E－F ガタ：$2.55 - 2.43 = 0.12$

I－J ガタ　：$60.3 - 60 = 0.3$

K－L ガタ：$63.3 - 60 = 0.3$

さらに、隙間 Z を求めるための計算式を作ると、以下のようになる。

$$隙間 Z = \frac{A}{2} - \frac{B}{2}$$

この式に、AとBの寸法値を代入すると、

$$隙間 Z = \frac{59}{2} - \frac{55.5}{2} = 1.75$$

現在の隙間 Z は 1.75 で設定されていることがわかった。この隙間 1.75 に対する公差計算書を作成してみると**図表8-3**のようになる。

公差計算書		製品名 ドライヤー	ポイント: 隙間Zの公差計算【Step1】				
氏名	年月日	No.	項 目	寸法と公差	中心寸法と公差	係数	実効値
		A	ボデーBの内側径	59±0.15	59　　±0.15	0.5	0.075
		B	ファンの外形	55.5±0.15	55.5　±0.15	0.5	0.075
		C	ファンのモーター取付穴径	2.3 $_{-0.012}^{0}$	2.294　±0.006		
		D	モーターのファン取付軸径	2.3 $_{0.004}^{0.012}$	2.308　±0.004		
		E	ホルダーのねじ締結穴径	25.5±0.05	25.5　±0.05	0.5	0.025
		F	おねじ径	2.5 $_{-0.12}^{-0.02}$	2.43　±0.05	0.5	0.025
		G	モーターのめねじ位置公差	16±0.15	16　　±0.15	0.5	0.075
		H	ホルダーのねじ締結穴位置公差	16±0.15	16　　±0.15	0.5	0.075
		I	ボデー7の内側径	60.3±0.15	60.3　±0.15	0.5	0.075
		J	ホルダーの外側径	60±0.15	60　　±0.15	0.5	0.075
		K	ボデー7の ボデー8接合部内側径	63.3±0.15	63.3　±0.15	0.5	0.075
		L	ボデー8の ボデー7接合部外側径	63±0.15	63　　±0.15	0.5	0.075
			(がたの計算)	中央値			
			C-Dがた				
			E-Fがた	0.12		0.5	0.06
			I-Jがた	0.3		0.5	0.15
			K-Lがた	0.3		0.5	0.15

説明図:

計算式:
$$f = A/2 - B/2 = 1.75$$

設計の考え方:

ワーストケース 計算結果	1.75±1.01

図表 8-3　現行図面での公差計算結果（図表 7-6 d）

8.1.4　現行図面の公差計算におけるポイント

　現行図面での公差計算結果については、いくつかの正確な公差計算を行うポイントとなる部分があるので、以下に説明する。

①中央値への変換について

　例えば図表 8-3 のファンのモーター取り付け穴径である要因 C：2.3 のように、上の許容差と下の許容差が異なる場合には、2.294±0.006 というように、上の許容差と下の許容差の絶対値が等しくなるように中央値変換をして公差計算を行う。当然、3DCAD で「1.0」とモデリングしたとして、そのままのデータで製造すれば、1.0 を中心として上下にばらついた部品ができ上がることになる。設計者が要因 C のように片側の公差を用いて設計したとしても、現場では誰かが中央値に変換してくれているはずである。

特に現代では、非常に厳しい公差を設定するケースが多いから、当然中心寸法を狙ったものづくりになる。片側の公差が設定されている場合は、中央値を変換して公差計算を行っている設計者が多いのは、そのような理由からである。

②ガタの扱いについて

　公差計算書の下段にある（ガタの計算）部分について説明する。**図表 8-4** のような穴とピンの関係を考えてみてほしい。穴径の中央値とピン径の中央値との差（スキマ）によって、上方向にスキマの半分（0.5）、下方向にスキマの半分（0.5）がある。このスキマの半分の量をガタと言い、隙間 Z の公差計算ではこれを考慮する必要がある。

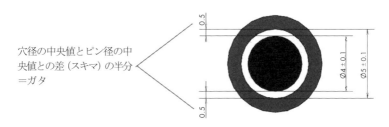

穴径の中央値とピン径の中央値との差（スキマ）の半分＝ガタ

$\phi 4 \pm 0.1$　$\phi 5 \pm 0.1$

0.5　0.5

図表 8-4　穴とピンのスキマとガタの関係

　そのため、公差計算書において、E–F ガタを例にとると、穴径の中央値とピン径の中央値との差（スキマ）：2.55―2.43 = 0.12 に対して係数として 0.5 を掛けている。その他のガタも同様となるので、係数 0.5 を掛けて計算していることがわかる。また、**図表 8-5** には、ピン径が公差の最大値になった場合に、公差計算に与える影響を示す。**図表 8-5 左**のようにピン径が中央値である φ4 のときと比べて、**図表 8-5 右**のようにピン径が公差の最大値である φ4.05 となったときには、

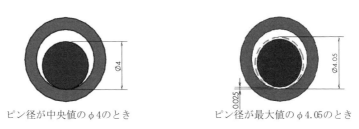

ピン径が中央値の φ4 のとき　　　　ピン径が最大値の φ4.05 のとき

$\phi 4$　$\phi 4.05$　0.025

図表 8-5　ピン径の公差が公差計算に与える影響

穴が開いている部品は、公差値 φ0.05 の半分の 0.025 だけズレることがわかる。

穴径が公差分ばらついた場合と、ピン径が公差分ばらついた場合ともに、同様の考え方となるため、公差計算書においては、全ての穴径公差とピン径公差に、係数 0.5 をかけて計算している。公差計算においては、穴径公差、ピン径公差、そしてガタについても、全て、半分の値が影響する、ということである。

もう一点、圧入（ピン径が穴径よりも大きく設定されている）の場合には、ガタも、穴径・ピン径の公差の影響もなくなるため、公差計算には含めない。

 考察

Step1 における公差計算結果は、1.75±0.96 となり、全ての部品が公差いっぱいばらついた場合でもファンとボデー8 の隙間に余裕のある結果となっている。ただし、Step1 の公差計算においては、いくつかの見落としがあることに気付いている読者も多いのではないだろうか。

例えば、**図表 8-6** のボデー8 の現行図面を見てみよう。現行の図面においては、円筒の軸を考えた場合に、A 寸法が入っている円筒の軸と L 寸法が入っている円筒の軸との関係が、何も指示されていない。

3DCAD では、全ての円筒形状が綺麗に同心で作成されているため、最近では、2 つの円筒の軸にはズレが発生することを見落としてしまう若手設計者も少なくないのが実態である。この 2 つの円筒の軸のズレの許容値については、幾何公差を使うことで明確に指示できる。

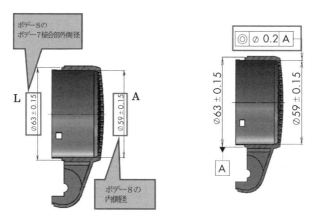

図表 8-6　ボデー8 の現行図面と幾何公差追加図面

　がたの扱いについて

　確かに、部品と部品を組付ける場合、圧入でない限りガタが発生してそれが組付けた後の Assy 状態ではバラツキとして表面化するのは想像できるね！

8.1.5　Step2 現行図面での正しい公差計算（GD&T）

　Step1 の公差計算における課題点の例を、8.1.4 項の現行図面での公差計算での考察で説明した。その例で示したボデー8 部品をはじめ、その他の部品について、図面指示方法の改善例を紹介していく（図表 7-6e）。

●ボデー8 部品の図面指示見直し

　先に述べたとおり、ボデー8 部品の現行図面においては、A 寸法が入っている円筒の軸と L 寸法が入っている円筒の軸との関係が、何も指示されていないことに課題があった。そこで、**図表 8-7** の右図においては、ボデー7 との嵌合部である φ63 の円筒形状をデータムとして、φ59 の円筒軸に、同軸度 φ0.2 を追加した。図表 8-7 の右図において、データム記号も幾何公差記号も、φ63 と φ59 のサイズ公差と一直線になるように矢印で示しているが、これは円筒の中心軸に指示して

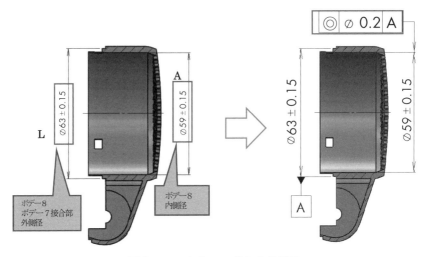

図表8-7　ボデー8の幾何公差指示

いるという意味である。

　これにより、φ59の円筒の軸は、φ63の円筒の軸を中心としたφ0.2の円筒の中になければならないという指示となり、2つの軸の位置関係を規制できる。

※図表8-7とそれ以降の図は、あくまでも隙間Zに関連した部分のみに絞った図面であり、本来の図面においては設計者の意図に基づき、適切に表記する必要がある。

ポイント：幾何公差におけるデータムの設定

　先にも記載したとおり、ボデー8においては、ボデー7との嵌合部であるφ63の円筒形状をデータムとしてφ59の円筒軸に、同軸度公差を追加した。どの形状をデータムに設定するかは、設計において最も重要なポイントの1つである。データムの設定においては、まず第一に、設計者としてどこにデータムを設定すればこの製品の機能を最大限に発揮できるか（設計者の意図）を考えることが重要であるが、同時に、作り易さ、測定のし易さ（製造上の要求）も考えて適切に設定する必要がある。

　以降の説明で、ボデー7においてはφ60.3の円筒の軸をデータムとして

φ63.3 の円筒の軸に同軸度を設定、ファンにおいてはシャフトと組み付く φ2.3 の円筒の軸と左側面をデータムとしてファン外径形状に輪郭度公差を設定、ホルダーにおいてはモーターが組み付く平面と外径 φ60 の円筒の軸をデータムとしてねじ締結穴位置に位置度公差を設定、モーターにおいてはホルダーに組み付く面と φ2.3 のシャフト円筒の軸をデータムとしてめねじ穴位置に位置度公差を設定している。これは、上記のことを考慮して適切に設定した結果であるが、どこをデータムに設定するか、の正解はない。読者であるみなさまの製品設計においても、どこをデータムに設定するのが最も適切であるかを、十分に議論する場を作っていただきたい。

●ボデー7 部品の図面指示見直し

ボデー7 部品は、ボデー8 部品と全く同様の改善が必要となる。**図表 8-8** の右図では、ホルダーと嵌合する φ60.3 の円筒の軸をデータム A として、ボデー8 と嵌合する φ63.3 の円筒の軸に同軸度公差を設定した。

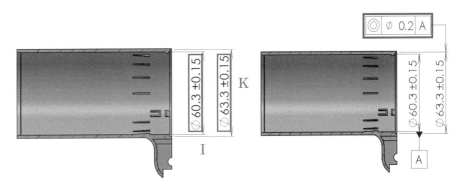

図表 8-8　ボデー7 の幾何公差指示

同軸度について、**図表 8-9** のような簡単なモデルで紹介する。同軸度が指定された軸は、データム A として設定された軸を中心とした円筒が公差域となりその中に入っていれば OK、そこから外れていれば NG といった判定となる。

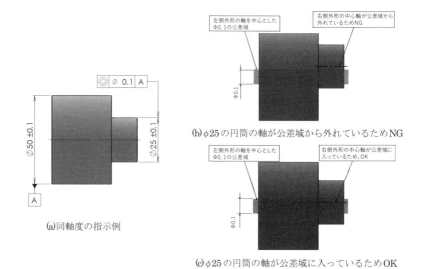

(a)同軸度の指示例

左側外形の軸を中心とした
Φ0.1の公差域

右側外形の中心軸が公差域から
外れているためNG

(b)φ25 の円筒の軸が公差域から外れているため NG

左側外形の軸を中心とした
Φ0.1の公差域

右側外形の中心軸が公差域に
入っているため、OK

(c)φ25 の円筒の軸が公差域に入っているため OK

図表 8-9　同軸度の公差域

●ファンの図面指示見直し

　ファンにおいては、Step1 では、「要因 B：φ55.5 ± 0.15」の直径寸法が影響する図面となっていたが、やはり、モーター取付穴との位置関係が示されていないため、モーター取付穴をデータム A、平坦な面をデータム B として、外形形状に輪郭度公差を指定することとした（**図表 8-10** の右図）。

　そのとき、外形形状の公差はこの輪郭度公差に集約されるため、φ55.5 の直径寸法は理論的に正確な寸法（TED）として、公差は付けず長方形の枠で囲んで示す。

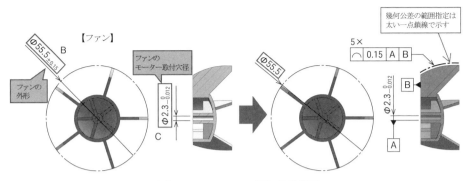

図表 8-10　ファンの幾何公差指示

●ホルダー部品の図面指示見直し

　ホルダーにおいては、**図表 8-11** の右図のようにモーターが取り付く内側面を
データム A、ボデー7 と嵌合する外側の円筒の軸をデータム B として、ねじの締
結穴位置を位置度公差で指示する方法とした。

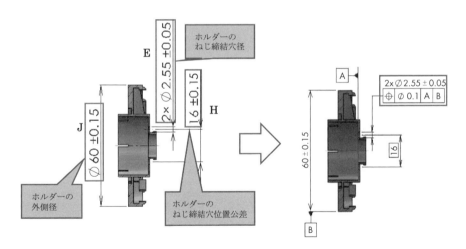

図表 8-11　ホルダーの幾何公差指示

●モーターの図面指示見直し

　モーターにおいては、今回の幾何公差指示では、**図表8-12**の下図のようにホル
ダーと締結される右側面をデータム A、先端軸中心をデータム B に設定し、デー
タム A と B で、めねじの穴位置を規制する方法とした。

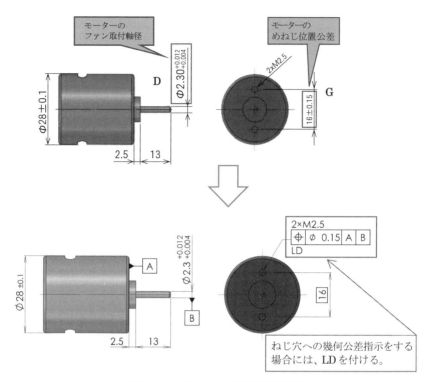

図表 8-12　モーターの幾何公差指示

8.1.6　正しい図面状態における公差計算結果

　現行構造の正しい図面状態で再度公差計算を行った結果は**図表 8-13** のとおりとなった（図表 7-6f）。

　現行図面において発見された課題点に対する対応策を考え、正しい公差計算結果を得る。正しい公差計算ができていなければ、正しい判断、正しい処置ができないため、重要なポイントとなる。

　Step1 の現行図面でのファンとボデー8 の隙間（Z）の公差計算は 1.75±1.01 であったが、Step2 の正しい図面状態での公差計算は 1.75±1.21 となりバラツキが大きい値になった。この 1.75±1.21 を守るべき現行構造の基準値（ファンとボデー8 の隙間を悪化させない）と扱うことにする。

公差計算書

製品名 ドライヤー　**ポイント:** 隙間Zの公差計算【Step2】

氏名　　**年月日**

説明図:

No.	項　　目	寸法と公差	中心寸法と公差		係数	実効値
A	ボデー8の内側径	59±0.15	59	±0.15	0.5	0.075
B	ファンの外形 （輪郭度公差へ変更）	輪郭度0.15	55.5	±0.075	1	0.075
C	ファンのモーター取付穴径	2.3 $^{0}_{-0.012}$	2.294	±0.006	圧入のため	
D	モーターのファン取付軸径	2.3 $^{0.012}_{0.004}$	2.308	±0.004	計算しない	
E	ホルダーのねじ締結穴径	2.55±0.05	2.55	±0.05	0.5	0.025
F	おねじ径	2.5 $^{-0.02}_{-0.12}$	2.43	±0.05	0.5	0.025
G	モーターのめねじ位置公差 （位置度公差へ変更）	位置度0.15	16	±0.075	1	±0.075
H	ホルダーのねじ締結穴位置公差 （位置度公差へ変更）	位置度0.15	16	±0.075	1	±0.075
I	ボデー7の内側径	60.3±0.15	60.3	±0.15	0.5	0.075
J	ホルダーの外側径	60±0.15	60	±0.15	0.5	0.075
K	ボデー7の ボデー8接合部内側径	63.3±0.15	63.3	±0.15	0.5	0.075
L	ボデー8の ボデー7接合部外側径	63±0.15	63	±0.15	0.5	0.075
M	ボデー8の内側同軸度	同軸度0.2	0	±0.1	1	0.1
N	ボデー7のボデー8接合部内側 同軸度	同軸度0.2	0	±0.1	1	0.1
		（がたの計算）	がたの中央値			
	C-Dがた		圧入のためガタはない			
	E-Fがた		0.12		0.5	0.06
	I-Jがた		0.3		0.5	0.15
	K-Lがた		0.3		0.5	0.15

計算式:
$$f = A/2 - B/2$$
$$= 1.75$$

設計の考え方:

ワーストケース計算結果 1.75±1.21

図表 8-13　Step2 における公差計算結果

8.1.7　Step2 の公差計算結果のポイント

①幾何公差の公差計算

　同軸度公差 $\phi 0.1$ が設定された場合、その中心軸は、$\phi 0.1$ の公差域の中でばらついても良いことを、図表 8-9 で説明した。すなわち、**図表 8-14** の右図のとおり上方向に 0.05、下方向に 0.05 の範囲でばらついても良いということである。公差計算書の要因 M の同軸度を見ると、同軸度公差 0.2 の場合には±半分、すなわち±0.1 として公差計算をしている。幾何公差の値というのは、公差の幅を示しているため、公差計算書の中では、全ての幾何公差の公差値の欄に「±半分」の値を記入し、係数は 1 として計算している。

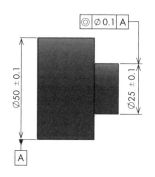
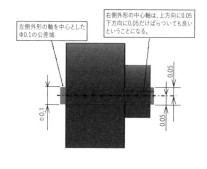

図表 8-14　幾何公差の公差計算

考察

　Step2においては、Step1で見落とされていた内容を改善し、正しい公差計算結果を得ることができた。全ての要因が洗い出されていない誤った公差計算結果で改善案を考えても、まったく無意味となってしまうので、常に正しい公差計算結果を得ることが肝心である。また、Step1 のようなサイズ公差だけの図面では、どうしても公差計算が不確実になってしまう。幾何公差を有効活用することで、公差計算も自信をもって行えるようになる。

　Step2 の公差計算結果は 1.75±1.21 となり、正しい公差計算を行うことで、Step1 の公差計算結果 1.75±1.01 より大きな値となったが、それでも、隙間 Z の干渉は起こらないという結果であった。

　ただし、使用環境の熱による変形、振動・落下等の影響は考慮していない。純粋な公差による影響のみ計算している。公差計算が正しくできれば、それ以外のものも、DRBFM との連携で順次、明確に解析できるだろう。

②部品が変わらなくても旧から新へ図面が変われば変更点

　GD＆T により、現行構造による正しい図面状態の公差計算結果が明確になった。

　DRBFM は、旧・新構造の図面を比較して問題発見、問題解決を行うために、

前にも説明したように、正しい旧の設計状態が必要である。ただし、この例の様に同軸度公差を正式に図面指示するためには、図面指示内容が変わるので、後工程（特に製造）との調整が必要になる。具体的に同軸度公差、輪郭度公差の追加は、工程能力の確認を得て正式に図面指示になる。

　部品が変わらなくても、図面指示が変われば構造、部品の変更点と同等に扱うことが必要なのかぁ。確かに図面指示が変われば製品の作り方にも影響するからね。

8.2　製品の環境変化点の気づき

　構造変更する製品が使用、製造される環境要素（高温、低温……製造要件等）から製品全体を広く俯瞰して変化点を発見する。本演習事例の場合は製造要件以外の、製品が使用される環境は変わっていないが、設計要素がねじ締結からスナップフィット固定に設計耐力を変更したことにより、ファンとボデー8の隙間に影響があるかもしれないために確認を行いたい（図表7-6g）。

　どのような変化が考えられるかは後の**図表8-15**で説明する。

☆活動目的

　製品毎に気づきのキーワードを整備してキーワードに関した変化点がないか、全ての項目を確認する。変化点なしと判断した部位も、後に振り返ることを考え、該当しない項目を削除することなく、漏れなく確認した証を残すこと。

☆活動ポイント

　お客様の使い方、使う環境が全く同じでも製品構造、形状、材質などの設計耐力が変われば、今まで意識していなかった環境が表面化する場合がある。

　このように心配点があるかもしれない項目を、キーワードを使い、残らず見つけ出したい。

図表 8-15　環境の気づきシート

気づきのキーワード	変化点	キーワード解説
①仕向け・仕様	無し	商品の販売する国、地域の変化点
②性能	無し	商品に求められる性能の変化点
③機能	無し	商品に求められる機能の変化点
④大気	無し	大気から受ける変化点
⑤高温	熱源からの伝導熱、輻射熱、排気熱による変形で干渉	構造上・環境上・製造上の熱負荷を受ける変化点
⑥低温	無し	構造上・環境上・製造上の低温に関する変化点
⑦湿度	吸水による膨潤により干渉	湿度を受け易い構造の変化点
⑧高温、低温、湿度複合	使用時作動繰り返し環境ストレスによる変形で干渉	複合した使用環境上の変化点
⑨雰囲気	無し	製品が置かれる大気の状況の変化点
⑩振動	共振などの振幅による干渉	共振し易い構造・形状の変化点
⑪電源	無し	電源の安定、オンオフの状況の変化点
⑭環境剤	無し	環境剤が付着・溜り易い構造の変化点
⑯埃	無し	製品への塵、埃の付着の変化点
⑰雪、氷、雷水、雨	無し	製品への雪、氷、水、雨の直接、間接的な影響の変化点
⑱危害性	無し	お客様が製品を使用中の怪我に関する変化点
⑲使い方	無し	お客様が製品の使い方の変化点
⑳サービス性	メンテナンス作業時の組付けバラツキ時による干渉	販売店での修理方法、補給形態の変化点
㉑原価	無し	製品原価の増減
㉒質量	無し	製品質量の増減
㉓原価/質量	無し	質量当たりの原価の増減
㉔組立	圧入荷重、作業バラツキによる干渉	組立の製造要件の変化点
㉕単品製造	ホルダーの精度不良で干渉	単品の製造要件の変化点
㉖検査	検査内容ミスにより干渉	検査の要件の変化点
㉗工数	無し	製造工数の増減

　問題発見の重要なヒントが得られず、あとで評価において問題が発見されたり、お客様のクレームにより業務のやり直し、クレーム費増大、製品の信頼不信に繋がる。変更・変化点は未然防止の重要な入り口である。それ故、この入り口に気付けば大半の心配点に気づいたことになる重要なプロセスである。

8.2.1　製品環境の変化点の気づき演習事例

　課題の設計構造の変更点から製品の環境、サービス性、お客様の使い方、製造要件などを広く全体を俯瞰し、変化点に気づく。
　図表 8-15 で網掛け部位はねじ締結からスナップフィット固定に変更することにより、環境面で変化点があると予想される部位、内容を示す。

☆演習事例解説

　図表 8-15 の内容を解説する。抽出するのは、製品が使用される環境変化点であり、問題点ではない。問題が起きる可能性がある変化点で、確認して何もなかった場合も当然あり得る。

⑤高温：
　ホルダーとモーターが爪固定のため、モーターの冷却孔を塞ぐ構造になるので、熱源であるヒーターの輻射熱、モーターからの伝導熱、排気熱を受け、ホルダー爪部が熱変形をして、ファンとボデー8 が干渉する恐れがないか？

⑦湿度：
　湿度が多い環境で使用するためにホルダー爪樹脂の膨潤などによる、ファンとボデー8 が干渉する恐れがないか？

⑧高温、低温、湿度複合：
　使用時の作動繰り返しによるホルダー爪変形で、ファンとボデー8 が干渉する恐れがないか？

⑩振動：
　締結方法がねじからスナップフィット固定に変更されたことにより、共振などの振幅による、ファンとボデー8 が干渉する恐れがないか？

⑳サービス性：
　ねじからスナップフィットに変更されたことにより、メンテナンス作業時の組付けバラツキ、取り付け不良による、ファンとボデー8 が干渉する恐れがな

いか？

㉔組立・工程：

　モーターとホルダー組付時の圧入状態の回転方向、および傾きがばらついて、ファンとボデー8が干渉する恐れがないか？

㉕単品製造：

　爪部が追加になりホルダー成型型の作り直し、成形条件の変更などで部品精度が変わり、ファンとボデー8が干渉する恐れがないか？

㉖検査：

　従来のねじ締結より固定状態の確認方法が難しくなり、検査時に組付けの問題を発見できず、ファンとボデー8が干渉する恐れがないか？

📢 アドバイス

・変化点は問題点、心配点を想定する重要な入り口である。
・事例のように、バラツキ公差計算の積み上げだけでは発見できず使用環境時の変形などを公差計算と合わせて考慮する必要がある。
・100％問題が発生すると思われる変化点はもちろんのこと、「あるかもしれない」も発見して確認することが必要である。
・そのためには、自分の担当部品に関係する「気づきキーワード」を整備することが、正確に変化点発見の近道になるので挑戦していただきたい。

8.3　構造分析とその変更・変化点の気づき、その差を比較

　全ての構成部品を整理して旧・新の設計要素を比較し、変更点・変化点を発見する（図表7-6h）。設計要素とは、Assy、部品を構成する部位、形状、材料等をいう。作成事例は8.3.3項を参照。

☆**活動目的**

・全ての設計構成を Assy、部品、設計要素を最小機能単位まで分解して（**図表 8-16**）、変更・変化点発見と関係する部品間の相互影響を確認する。

☆**活動ポイント**

・類似したお手本である変更前の実績ある部品を決める。本課題事例の場合は現行品がお手本である。公差計算 Step2 で幾何公差を追加した図面で公差再計算を行ったが、現在製造実績があるのは幾何公差を追加していない図面であるために、それを比較対象の旧図面として使用する。

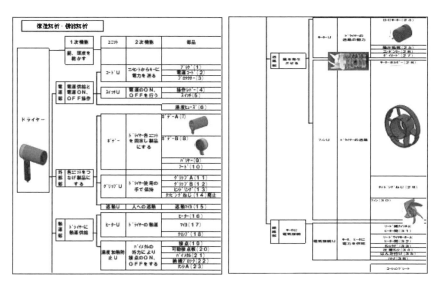

図表 8-16　ドライヤーの階層構造図事例

・お手本と各部品の設計要素を旧・新を比較し変更点を見つける（**図表 8-17**）。
・設計要素が変更ない部品も、他の部品が廃止されたり変わったりして機能分担など、受けるストレスが変わってしまう場合の変化点も見つけることが重要。
・全く変更・変化点がない部品、設計要素も抹消せず変更・変化点を確認した証を残すこと。

★**何が起きるか**

・変更・変化点が漏れると、問題発見に該当する設計要素が漏れ公差に関係する原因が発見できず、評価時、製造時に問題が発見されやり直しが発生したり、

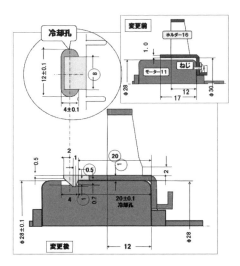

図表 8-17　ドライヤーの構造変更内容

　最悪の場合、お客様に迷惑をおかけすることになる。

・未然防止の重要な入り口であり、ここで見逃すと後では気づき難い。

　また、自分がどんな設計をしようとしているか自分自身の整理になり、未然防止の一貫として行うだけでなく、製品開発で本来行うべき重要なプロセスと受けてとめていただきたい。

8.3.1　Step3 新構造での公差計算（GD&T）上の変更点抽出

　Step2 で行った現行の設計状態の正しい図面での公差計算結果をベースに、スナップフィット構造に変更した正しい公差計算結果を行うために公差上の変更点を抽出する（図表 7-6i）。

新構造（スナップフィット構造）における公差の考え方解説

　スナップフィット構造は、ねじ締結を廃止し、ホルダーに爪を追加して、モーター外筒の冷却用穴に固定する構造となる（**図表 8-18**）。そのことにより起こる公差上の変更点は、以下のとおりである。

・ねじ締結構造においては、モーターとホルダーが締結される平坦面がそれぞれの絶対基準となっていたが、スナップフィット構造では、モーター外筒とホルダー内筒がそれぞれの絶対基準となる。

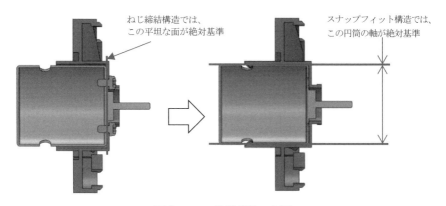

ねじ締結構造では、
この平坦な面が絶対基準

スナップフィット構造では、
この円筒の軸が絶対基準

図表 8-18　絶対基準の変更

・この変更により、モーターとホルダーの図面の変更が必要になるし、公差計算
　結果にも変更が発生する。
・このように、変更点・変化点の比較の時点で構造とともに公差の考え方も変わ
　ってないか気づく必要がある。
・変更後の図面は公差上（＝構造上）の変更点を織り込んだ図面となる。

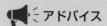アドバイス

　ねじ締結とスナップフィット固定では、そもそもの製品間の
絶対基準が変わり、そのときの図面の表記方法も全く異なるこ
とを確認していただけたと思う。設計の考え方ひとつで、図面
は全く異なるものになる。

　筆者の会社にも、しばしば、部品図面だけを持ち込み、幾何公差の表記方
法を教えて欲しいという相談が持ち掛けられることがあるが、そういった依
頼はお断りさせていただいている。公差計算を実施したうえで、大事なとこ
ろ（どこを基準にどこをどれだけ管理したいか）がわかって初めて的確な指
示ができるし、それをなくして幾何公差指示をしても、まったく意味のない
ものとなってしまう。今回のケーススタディのような取り組みをして図面を
作りこんでいくことが、真の GD&T である。

8.3.2　設計要素変更・変化点比較一覧表

これまでに気づいた内容に対して旧・新の変更・変化点を整理・見える化し、比較する（図表7-6h左側）。

8.3.3　演習事例変更点・変化点の比較一覧表の解説

正しい公差計算結果を得るために行った、**図表8-19**の上から順番に関係部品の変更・変化点を解説する。

・表には細部まで表現できていないためにこの解説内容を参照していただきたい。
・変更点の設計および公差寸法は計画寸法であり、ボデー8とファンの隙間Zに関係する部品の公差計算で、現行より悪化しないかの判断を行う。
・前にも記載した様に、変更がない部品もあるが、例としてボデー8のように部品現品は変更がないが、同軸度公差を追加することにより製造に影響する場合がある。よって現状の工程能力の確認が必要であり、このような図面指示に変更があればDRBFMでは変更点（変更あり）として取り扱う必要がある。

Step1で計算した図表8-2の現行図面は、あくまでも旧図面（正確な公差などの表示ができていない図面）となる。

 変更点、変化点を正確に見つけるには

1章1.3節、3章3.3節で説明したように、DRBFMは変更・変化点を見つけることが重要だ。正確に漏れなく見つけるためのアドバイスをお伝えしたいと思う。

変更点：設計(図面)を変更した部位で実在している内容である。2つの絵の間違い探しを行ったことがあると思うが、個数の違いはすぐ見つかっても、大きさ、少しの形状の違いなどは正解を見て初めて気づくことがある。

そのため、図表8-19のように、機能に関係する部位は図面寸法一つ一つの変更点まで分解する必要がある。

変化点：設計（図面）は変更していないが、他の設計要素が変わりストレスが変わってしまうかもしれない部位および考えられる心配点も記載して良い。変更する部品と隣接する周辺部品や機能などで関連する部品は変化を受

図表 8-19　変更点・変化点比較一覧表

No.	ユニット/部品/部位名	旧部品	新部品 変更点	新部品 変化点・心配点	機能	要求性能	故障モード
1	ドライヤーユニット	モーターホルダーxモーターねじ締結	モーターホルダーxモータースナップフィット化固定	締結構造変更によるファンxボデー8との隙間の悪化			
2	ボデー7（ボデー8との嵌合面）	内径 φ63.3 ±0.15	ホルダーとの嵌合面との同軸度公差 0.2 追加	同軸度公差 0.2 の現状工程能力確認			
3	ボデー7（モーターホルダーとの嵌合面）	内径 φ60.3 ±0.15	データム追加	同軸度公差 0.2 の現状工程能力確認			
4	ボデー8（ボデー7嵌合）	外形 φ63 ±0.15	データム追加	同軸度公差 0.2 の現状工程能力確認			
5	ボデー8（ファンとの隙面）	円筒径 φ59 ±0.15	ボデー7との嵌合面との同軸度公差 0.2 追加	同軸度公差 0.2 の現状工程能力確認			
6	DC モーター冷却孔までの距離	20 mm	公差追加 20 mm±0.05	モーターの挿入量の管理が必要			
7	DC モーター（外径）	内径 φ28±0.1	データム追加	同軸度公差 0.2 の現状工程能力確認			
8	DC モーター（シャフト径）	φ2.3 +0.012 +0.004	モーター外径との同軸度公差 0.2 追加	同軸度公差 0.2 の現状工程能力確認			
9	モーターホルダー爪長さ	無（ホルダーxモーターねじ締結）	爪締結 爪長さ 19.9±0.05 mm	モーターの挿入量の管理が必要			
10	モーターホルダー（内筒壁）	内径 φ30	データム追加	同軸度公差 0.2 の工程能力確認			
11	モーター取り付け穴ピッチ	16 mm±0.15	廃止				
12	モーター取り付け穴径	基準穴径 φ2.55±0.05	廃止				
13	タッピングねじ	ねじ首部径 2-M2.5	廃止				
14	モーターホルダー（外周）	外周 φ60 ±0.15	内周との同軸度公差 0.2 追加	同軸度公差 0.2 の工程能力確認			
15	ファン（外形）	外形 φ55 ±0.15	モーター取付穴との輪郭度公差 0.15 追加	輪郭度公差 0.15 の現状工程能力確認			
16	ファン（モーター取り付け穴）	穴径 φ2.3 ±0,012	データム追加	輪郭度公差 0.15 の現状工程能力確認			
17	組立作業	ねじ締結作業	圧入作業	回転方向、挿入量ばらつきファンxボデー8との隙間の悪化			

け易い。
　製品に求められる機能および要求性能、製品の作り方も変化点に分類する。理由は、設計（図面）を変更していないが製品への影響は変化しているからである。

　変更点を確認するプロセス段階では図面寸法はまだ計画寸法であり、旧・新を比較して設計上、製造上等で問題ないかを検証、公差計算をして、問題がなければ正式の図面寸法となるんだね。
　変更点は自分で意識して変更したので見つけ易いが、変化点は気づいていないうちに変化している場合があるから注意が必要だね。
　DRBFMは簡単に言うと、一連の設計作業を漏れなく効率良く行うことか。DRBFMの実施を通して、漏れなく効率的な製品開発が学べるね。

No.1　ドライヤーユニット

・旧構造：モーターとホルダーをねじ締結
・変更点（新構造）：モーターとホルダーをスナップフィット固定
・変化点：モーターとホルダー取り付け方法が変更されることにより、組付けた状態でのバラツキ量が変わりファンとボデー8との隙間の悪化が推測される。各部品の新たな公差にてZ部の公差計算が必要になる（**図表 8-20**）。

［ドライヤーユニットの変更・変化点を詳細解説（No.1）］

　ドライヤーユニット全体では変更点はないが、何回も説明しているように構成部品のモーターとホルダーがねじ締結であるのをスナップフィット固定に変更した。ドライヤーユニットの全体に及ぼす変化点として、製品として組付けた状態でのバラツキ量が変わる。ねじ締結であれば下穴とねじ径分のバラツキで済むがスナップフィット固定だと、前述したようにガタがないために公差計算には含めないが、現物の製造の場合では正規の位置に組付けができない、もしくは組付け

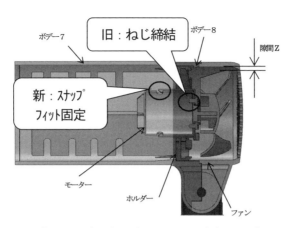

図表 8-20　変更前・後のファンとボデー8 の隙間

たあと変形などガタが発生する可能性があるため、組付け現場で Z 部の隙間確認が必要になる（図面、計算と現物で違いがあるため、現地現物の確認が必要）。

No.2　ボデー7 のボデー8 との嵌合面（K）

（公差計算に必要な寸法）

・旧構造：内径 ϕ63.3 ± 0.15 mm

・変更点（新構造）：内径 ϕ63.3 ± 0.15 mm は変更なし

　ホルダー外周との嵌合面をデータムとして同軸度公差 0.2 追加

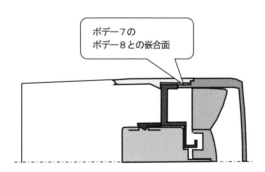

図表 8-21　ボデー7 のボデー8 との嵌合面

※工程能力：製造工程における品質を、定量的に評価した結果の能力のことを工程能力という
※基準値を超えている場合は「十分」、基準値を満たしていない場合は「不足」と表記している

・変化点：追加された同軸度公差 0.2 は新たな設計製造への要求のために現状工程能力※が「十分」なのか、「不足している」のか確認および製造と調整が必要になる（**図表 8-21**）。

No.3　ボデー7 のホルダー外周との嵌合面（I）

（公差計算に必要な寸法）

・旧構造：内径 $\phi 60.3 \pm 0.15$ mm

・変更点（新構造）：内径 $\phi 60.3 \pm 0.15$ mm は変更なし
データム（基準面）指示付与

・変化点：追加された同軸度公差 0.2 は新たな設計製造への要求のために現状工程能力のが「十分」なのか、「不足している」のか確認および製造と調整が必要になる（**図表 8-22**）。

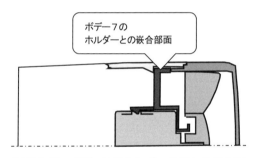

ボデー7 の
ホルダーとの嵌合部面

図表 8-22　ボデー7 のホルダー外周との嵌合面

［ボデー7 の変更・変化点を詳細解説（No.2、No.3）］

　現状分析で示したように、ボデー7 の現行図面においては、I 寸法が入っている円筒の軸と K 寸法が入っている円筒の軸との関係が、何も指示されていないことに課題があった。そこで、**図表 8-23** の右図においては、ホルダーとの嵌合部である $\phi 60.3$ の円筒形状をデータム A として、ボデー8 と嵌合する $\phi 63.3$ の円筒軸に、同軸度 0.2 を追加した。

　これにより、$\phi 63.3$ の円筒の軸は、$\phi 60.3$ の円筒の軸を中心とした $\phi 0.2$ の円筒の中になければならないという指示となり、2 つの軸の位置関係を規制できる。

　8.1.6 項では同軸度公差 0.2 として計算したが、構造変更後もその考え方を踏襲することになる。図表8-19 で変化点に記載したように、製造における現状工程能

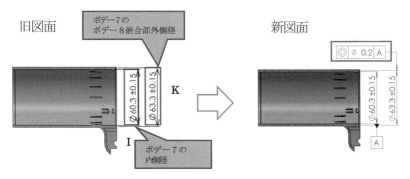

図表 8-23　ボデー7 の幾何公差指示

力の確認が必要になる。

　図面指示は変更したが、同軸度公差 0.2 の工程能力が十分な場合は、現物部品は変更なし。ただし工程能力同軸度公差 0.2 が満たされなければ現物変更もあり得る。

No.4　ボデー8 のボデー7 との嵌合面（L）

（公差計算に必要な寸法）

・旧構造：内径 $\phi63 \pm 0.15$ mm

・変更点（新構造）：内径 $\phi63 \pm 0.15$ mm は変更なし

　データム（基準面）指示付与

・変化点：追加された同軸度公差 0.2 は新たな設計製造への要求のために現状工程能力が「十分」なのか、「不足している」のか確認および製造と調整が必要になる（図表 8-24）。

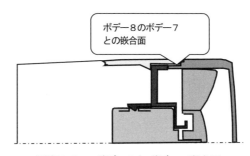

図表 8-24　ボデー8 とボデー7 嵌合面

No.5　ボデー8のファンとの隙面（A）

（公差計算に必要な寸法）

・旧構造：内径 $\phi59\pm0.15$ mm

・変更点（新構造）：内径 $\phi59\pm0.15$ mm は変更なし

　ボデー7 と嵌合する円筒の軸をデータムとした同軸度公差 0.2 追加

・変化点：追加された同軸度公差 0.2 は新たな設計製造への要求のために現状工程能力が「十分」なのか、「不足している」のか確認および製造と調整が必要になる（**図表 8-25**）。

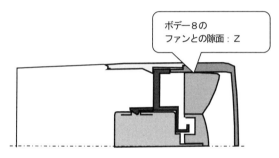

ボデー8の
ファンとの隙面：Z

図表 8-25　ボデー8 のファンとの隙面

［ボデー8 部品の変更・変化点を詳細解説（No.4、No.5）］

　現状分析で示した様にボデー8 部品の現行図面においては、A 寸法が入っている円筒の軸と L 寸法が入っている円筒の軸との関係が、何も指示されていないことに課題があった。そこで、**図表 8-26** の右図においては、ボデー7 との嵌合部である $\phi63$ の円筒形状をデータムとして、$\phi59$ の円筒軸に、同軸度 $\phi0.2$ を追加した。

　8.1.6 項では、同軸度公差 0.2 として計算をし、構造変更後もその考え方を踏襲することになるが、変化点に記載したように、製造における現状工程能力の確認はできていないために確認が必要になる。

　図面指示は変更したが、同軸度公差 0.2 の工程能力が十分な場合は、現物部品は変更なし。ただし工程能力同軸度公差 0.2 が不十分であれば現物変更もあり得る。

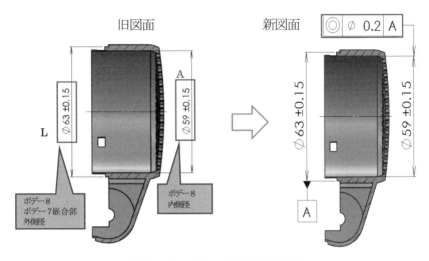

旧図面

新図面

◎ | ⌀ 0.2 | A

φ63 ±0.15

φ59 ±0.15

A

L

φ63 ±0.15

φ59 ±0.15

ボデー8
ボデー7嵌合部
外側径

ボデー8
内側径

A

図表 8-26　ボデー8 の幾何公差指示

No.6　DC モーター冷却孔までの距離

・旧構造：20 mm（公差なし）

・変更点（新構造）：公差追加 20 ± 0.1

・変化点：構造が変わり公差の管理が必要になるが、該当部はホルダーの爪と問題なく組付けられるかどうかの管理であり、今回の公差計算には影響しない（図表 8-27）。

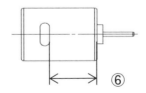

⑥

図表 8-27　冷却孔までの距離

No.7　DC モーター外径（公差計算に必要な寸法）

・旧構造：外径 φ28 ± 0.1 mm

・変更点（新構造）：外径 φ28 ± 0.1 mm は変更なし

　データム（基準面）指示付与

・変化点：追加された同軸度公差 0.2 は新たな設計要求のために現状工程能力が「十分」なのか、「不足している」のか確認および製造と調整が必要になる（**図表 8-28**）。

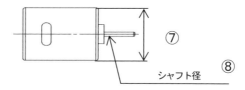

図表 8-28　モーター外径、シャフト径

No.8　DC モーターのファン取り付け軸径（D）

・旧構造：シャフト径 $\phi 2.3$ $^{+0.012}_{+0.004}$

・変更点（新構造）：シャフト径 $\phi 2.3$ $^{+0.012}_{+0.004}$ 変更なし
　モーター外径をデータムとした同軸度公差 0.2 追加

・変化点：追加された同軸度公差 0.2 は新たな設計要求のために現状工程能力が「十分」なのか、「不足している」のか確認および製造と調整が必要になる。

[モーターの変更・変化点を詳細解説（No.6、No.7、No.8）]

　図表 8-29 に、新構造におけるモーター部品の図面を示す。8.3.2 項で説明した通り、新構造の絶対基準である外筒の軸をデータム A として、シャフト軸には、データム A を基準として位置を規制する同軸度公差を指定した。なお、ホルダーの爪が固定される冷却穴の右側面にも、本来は幾何公差を指示するべきだが、今回は、冷却用穴とホルダーの爪が、常にしめしろとなる設定（公差計算には影響しない）のため、公差計算に影響する部分に絞り、本書では割愛している。

　図面指示は変更があるが、同軸度公差 0.2 の工程能力が十分な場合は、現物部品は変更なし。ただし工程能力同軸度公差 0.2 が不十分であれば現物変更もある。

No.9　モーターホルダー爪長さ

・旧構造：爪はなし（ホルダーとモーターねじ締結）

・変更点（新構造）：爪を追加長さ 20±0.1 mm

・変化点：モーターとの組付け工程でモーター挿入量の管理が必要になるが、ファンとボデー8 の干渉には直接関係ない

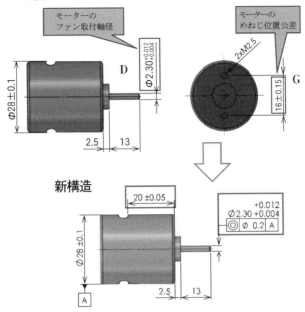

旧構造

モーターの
ファン取付軸径

$\phi 2.30^{+0.012}_{+0.004}$

D

2.5　13

モーターの
めねじ位置公差

2xM2.5

16 ± 0.15　G

新構造

20 ± 0.05

$\phi 28\pm 0.1$

A

2.5　13

$\phi 2.30 \begin{smallmatrix} +0.012 \\ +0.004 \end{smallmatrix}$

◎ ϕ 0.2 A

図表 8-29　モーターの図面変更

No.10　モーターホルダー内筒壁（公差計算に必要な寸法）

・旧構造：内径 $\phi 30$ mm
・変更点（新構造）：内径 $\phi 28^{-0.1}_{-0.3}$
　データム（基準面）指示付与。モーターとの締め代最大時の応力計算が必要。
・変化点：追加された同軸度公差 0.2 は新たな設計要求のために現状工程能力が
　「十分」なのか、「不足している」のか確認および製造と調整が必要になる（**図
　表 8-30**）。

No.11　ホルダーのモーター取り付け穴位置（H）

・旧構造：ねじ穴ピッチ 16 ± 0.15
・変更点（新構造）：ねじ穴廃止
・変化点：なし（新構造の公差計算時には不要寸法）

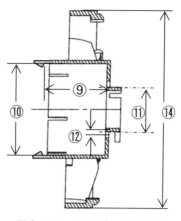

図表 8-30　ホルダーの各寸法

No.12　モーターホルダーのモーター取り付け穴径（E）
・旧構造：ねじ穴径 $\phi2.55 \pm 0.05$
・変更点（新構造）：ねじ穴廃止
・変化点：なし（新構造の公差計算時には不要寸法）

No.14　モーターホルダー外側径（J）（公差計算に必要な寸法）
・旧構造：外径 $\phi60 \pm 0.05$
・変更点（新構造）：外径 $\phi60 \pm 0.05$ は変更なし
　内径をデータムとした同軸度公差 0.2 追加
・変化点：追加された同軸度公差 0.2 は新たな設計要求のために現状工程能力が
　「十分」なのか、「不足している」のか確認および製造と調整が必要になる。

［ホルダーの変更・変化点を詳細解説（No.9、No.10、No.14）］
　ホルダーも、上述のとおり、まずはモーターと締結される内円筒が絶対基準であるため、その軸をデータム A とし、ホルダー外側径 $\phi60$ の軸に同軸度公差を指定する方法とした。また、スナップフィット構造においては、モーターと締結する内円筒は圧入となる寸法公差に、爪の位置は冷却用穴としめしろとなる設定に変更した。爪の位置や形状は、本来幾何公差で指示するべきだが、今回は圧入設定（公差計算には影響しない）のため、幾何公差は割愛してる（**図表** 8-31）。

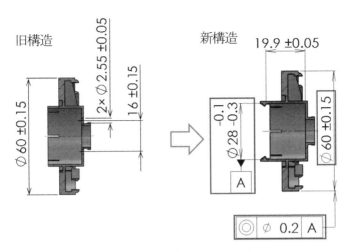

図表 8-31　ホルダーの幾何公差指示

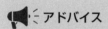アドバイス

　モーターとホルダー嵌合部は、ホルダー内筒径が大きくかつモーター外径が小さいときもガタがない設計にするために、ファンとボデー8との隙間計算に入れないが、反対にお客様の使用環境でホルダー内筒径が小さいかつモーター外径が大きいときは、しめしろが大きくなりモーター圧入によるホルダー強度上（ホルダー内筒が延ばされ円周に引っ張り応力発生）の問題がないか確認する必要がある（現在のしめしろは 0~0.4 mm になるために 0.4 mm で強度計算）。このように公差計算結果からだけでなく、背反も考慮して公差設計を行う必要がある。

No.15　ファン外形（B）（公差計算に必要な寸法）

・旧構造：外径 ϕ55.5 ± 0.15 mm

・変更点（新構造）：外径 ϕ55.5 ± 0.15 mm にモーター取付穴をデータムとした輪郭度公差 0.15 追加

・変化点：輪郭度公差 0.15 の現状工程能力が「十分」なのか、「不足している」のか確認および製造と調整が必要になる（**図表 8-32**）。

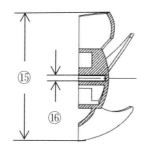

図表 8-32　ファンの各寸法

No.16　ファンモーター取り付け穴（C）

・旧構造：穴径 $\phi 2.3 \ {}^{0}_{-0.012}$

・変更点（新構造）：穴径 $\phi 2.3 \ {}^{0}_{-0.012}$ は変更なし

　データム（基準面）指示付与

・変化点：輪郭度公差 0.15 の現状工程能力が「十分」なのか、「不足している」
　のか確認および製造と調整が必要になる。
　工程能力が同軸度公差 0.15 が満たされなければ現物変更もある。

［ファンの変更・変化点を詳細解説（No.15、No.16）］

　ファンにおいては、Step1 では、要因 B：$\phi 55.5 \pm 0.15$ の直径寸法が影響する図
面となっていたが、やはり、モーター取付穴との位置関係が示されていないため、
モーター取付穴をデータム A、平坦な面をデータム B として、外形形状に輪郭度
公差を指定することとした（**図表 8-33** の右図）。そのとき、外形形状の公差はこ
の輪郭度公差に集約されるため、$\phi 55.5$ の直径寸法は理論的に正確な寸法（TED）
として、公差は付けず長方形の枠で囲んで示す。

No.17　組立作業

・旧構造：ねじ締結作業

・変更点（新構造）：圧入作業

・変化点：圧入作業時に回転方向、挿入量のバラツキによるファンとボデー8 と
　の隙間の悪化が考えられる。

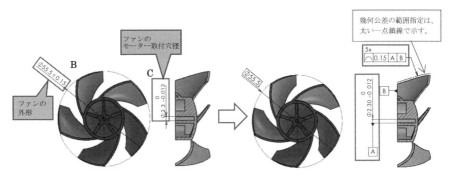

図表 8-33　ファンの幾何公差指示

［組立作業の変更・変化点を詳細解説（No.17）］

　モーターとホルダーの締結方法がねじ締結からスナップフィット固定に変わることにより、モーターとホルダーの組付後の位置関係のバラツキ方が変わり、ファンとボデー8との隙間に悪化がないか製造で確認が必要になる。旧構造のねじ締結の場合は孔を合わせて締結が完了すれば回転方向、挿入量は自然に決まることになるが、スナップフィット固定の場合は回転方向、挿入量の製造管理が必要となる。

 設計要素・変更点の気づき、旧・新比較の注意事項

　DRBFMは良い図面作りが目的である。筆者が参加したデザインレビュー（DR）会では時々それを忘れ、図面を見ない状態で行われている場合があった。くれぐれもDRの中心は図面である。
　変更点の気づき、比較のために旧図面指示を読み解いて、そこから新図面が幾何公差も含めた図面指示に問題がないか確認する。この作業を行えば大半の問題に気づくことができる大事な設計プロセスである。DRBFMは何故変更点を旧・新比較するのか、そこに理由がある。当然、図面指示の問題も見えてくる。もっと付け加えると旧図面、新図面をしっかりと見る本来の設計行為である。講義のとき、設計の受講者が「DRBFMは誰が作るのですか？」との質問を受け、「あなたです」と答えた。そのとき受講者は、期待していた返事でなかったような表情をした。

8.4 機能・要求性能の分析と整理

　本節では、図表7-6hの右側の機能・要求性能の部分に関する解説をする。

☆活動目的

・8.3節で行った全ての構成部品を階層図表に整理して変更点・変化点がある設計
　要素に対して製品機能（役目）とその要求性能を整理する（**図表8-34**）。

・設計時にあまり機能を意識しないで設計要素を決める場合が見受けられるが、
　商品をお客様が満足できる設計にするためには、機能を意識して問題点を発見
　することが重要である。

・要求性能は、後に問題解決を行うための達成要件や評価基準となる。

☆活動ポイント

・分析し分解された設計要素とその機能・要求性能を考える。

・1つの設計要素に対して機能は複数あるので全てを見つけ出すこと。

・要求性能は具体的な数値に落とすことが望ましい。

・設計要素と機能・要求性能の紐付けを再度確認し両者の抜けを防止する。

　　設計要素から見て、他にも考えられる機能がないか？

　　機能から見て、他にも考えられる設計要素がないか？

・本書の課題では、ヘアードライヤーの全ての構成部品の中からモーターとフォ
　ルダーの締結方法がねじからスナップフィット固定に変更した結果、ファンと
　ボデー8の隙間に影響する機能を限定して記載している。

　　機能記載内容の事例としてホルダーの爪の機能は「①モーターとホルダーの
　固定、②位置を決める、③両者の固定底面を密着させる」などが機能で、その
　要求性能は「①固定荷重がお客様の想定使用時に○○N以上であること、②モ
　ーターとホルダー位置精度○度、③密着面に隙間なきこと」が考えられる。

★何が起きるか

・機能・要求性能が明確でないと、一体どのような役割、性能の製品にしたら良
　いか設計の考え方が定まらない。

・機能・要求性能が明確でないと、お客様が期待していた機能・性能に対して設
　計者はそこからどのような問題か起きそうか想定ができないし、商品性にも関
　係してくる。

図表 8-34　各部品の機能と要求性能

NO	ユニット/部品/部位名	旧部品	新部品 変更点	新部品 変化点・心配点	機能	要求性能	故障モード
1	ドライヤーユニット	モーターホルダーx モーターねじ締結	モーターホルダーx モータースナップフィット化固定	締結構造変更によるファンx ボデー8 との隙間の悪化	ファンボデー8 との隙間確保	干渉無きこと	
2	ボデー7（ボデー8 との嵌合面）	内径 φ63.3 ±0.15	ホルダーとの嵌合面との同軸度公差 0.2 追加	同軸度公差 0.2 の現状工程能力確認	ボデー8 との嵌合	ガタ無く嵌合出来ること	
3	ボデー7（モーターホルダーとの嵌合面）	内径 φ60.3 ±0.15	データム追加	同軸度公差 0.2 の現状工程能力確認	モーターホルダー嵌合面	ガタ無く嵌合出来ること	
4	ボデー8（ボデー7 嵌合）	外形 φ63 ±0.15	データム追加	同軸度公差 0.2 の現状工程能力確認	ボデー7 との嵌合	ガタ無く嵌合出来ること	
5	ボデー8（ファンとの隙面）	円筒径 φ59 ±0.15	ボデー7 との嵌合面との同軸度公差 0.2 追加	同軸度公差 0.2 の現状工程能力確認	ファンとの隙面確保	ファンと干渉無きこと	
6	DC モーター冷却孔までの距離	20 mm	公差追加 20 mm±0.05	モーターの挿入量の管理が必要	ホルダーと固定	嵌合出来ること	
7	DC モーター（外径）	内径 φ28±0.1	データム追加	同軸度公差 0.2 の現状工程能力確認	ホルダーとの嵌合	ガタ無く嵌合出来ること	
8	DC モーター（シャフト径）	φ2.3 $^{+0.012}_{+0.004}$	モーター外径との同軸度公差 0.2 追加	同軸度公差 0.2 の現状工程能力確認	ファンと圧入締結	圧入により抜け荷重 〇〇N 以上	
9	モーターホルダー爪長さ	無（ホルダーx モーターねじ締結） 爪締結	爪長さ 19.9±0.05 mm	モーターの挿入量の管理が必要	モーターx ホルダー底面に密着	底面密着	
10	モーターホルダー（内筒壁）	内径 φ30	データム追加	同軸度公差 0.2 の工程能力確認	モーター外径と嵌合と位置出し	ガタ、異音無く嵌合出来ること	
11	モーター取り付け穴ピッチ	16 mm±0.15	廃止				
12	モーター取り付け穴径	基準穴径 φ2.55 ±0.05	廃止				
13	タッピングねじ	ねじ首部径 2-M2.5	廃止				
14	モーターホルダー（外周）	外周 φ60 ±0.15	内周との同軸度公差 0.2 追加	同軸度公差 0.2 の工程能力確認	ボデーとの嵌合位置決め	ガタ、異音無く嵌合	
15	ファン（外形）	外形 φ55 0.15	モーター取付穴との輪郭度公差 0.15 追加	輪郭度公差 0.15 の現状工程能力確認	ボデーB と隙確保	干渉無きこと	
16	ファン（モーター取り付け穴）	穴径 Φ2.3 ±$^{0.}_{0.012}$	データム追加	輪郭度公差 0.15 の現状工程能力確認	ファンのセンタリング	干渉無きこと	
17	組立作業	ねじ締結作業	圧入作業	回転方向、挿入量ばらつきファンx ボデー8 との隙間の悪化	部品と部品の組付け	組付けバラツキ	

・以上のことが起きるとお客様に迷惑をかけ、商品の信頼性を裏切ることになる。

8.4.1　演習事例機能・要求性能解説

図表8-34を上から順に解説する。

・各設計要素がどのような機能と要求性能を満たせばお客様が満足するか、その整理方法を解説する。

・機能は複数の部品、設計要素に関係するが、9.3節で他の機能と関連がないか確認を行うために、本章では、まず個々の設計要素に対して機能を漏れなく全て出し切ることに集中する。

・設計要素の機能は複数あるが、本書では、ねじ締結からスナップフィット固定の変更・変化点の公差に関係する機能・要求性能のみを限定して抽出する。

No.1　ドライヤーユニット

・機能：ファンとボデー8の隙間確保

・要求性能：想定したお客様が使用する状態にて干渉なきこと（ドライヤーユニットの機能・性能は複数考えられるが、変更点からのDRBFMでは上手に限定ができれば、工数も精度も設計者に優しい）。

No.2　ボデー7のボデー8との嵌合面

（ボデー8とファンとの隙に関係する設計要素）

・機能：ボデー8と嵌合

・要求性能：ガタ、異音なく嵌合ができこと

No.3　ボデー7のホルダーとの嵌合面

（ボデー8とファンとの隙には関係する設計要素）

・機能：モーターホルダーと嵌合

・要求性能：ガタ、異音なく嵌合できること

No.4　ボデー8のボデー7との嵌合面

（ボデーBとファンとの隙には関係する設計要素）

・機能：ボデー7と嵌合

・要求性能：ガタ、異音なく嵌合できること

No.5　ボデー8のファンとの隙面
・機能：ファンとの隙間確保
・要求性能：お客様が使用する状態でファンと干渉なきこと

No.6　モーター冷却孔までの距離
（本書の課題のボデー8とファンとの隙には関係しない設計）
・機能：ホルダーと固定
・要求性能：嵌合し○○N以上で固定ができること

No.7　モーター外径
（ボデー8とファンとの隙には関係する設計要素）
・機能：ホルダー内筒と嵌合
・要求性能：ガタ、異音なく嵌合できること

No.8　モーターシャフト径
（ボデー8とファンとの隙には関係する設計要素）
・機能：ファンと圧入締結
・要求性能：圧入バラツキにより抜け荷重○○N以上

No.9　ホルダー爪長さ
（本書の課題のボデー8とファンとの隙には関係しない設計）
・機能：モーターとホルダー底面に密着
・要求性能：底面密着、異音なきこと、嵌合し○○N以上で固定ができること

No.10　ホルダー内筒壁
（ボデー8とファンとの隙には関係する設計要素）
・機能：モーター外径と嵌合とモーター軸の位置出し
・要求性能：モーターがガタ、異音なく嵌合でき、ボデー8とファンが干渉なく
　　　　　　位置出しができること

No.14　ホルダー外周

（ボデー8とファンとの隙には関係する設計要素）

・機能：ボデー7との嵌合と位置決め

・要求性能：ガタ、異音なく嵌合と位置決めができること

No.15　ファン外形

（ボデー8とファンとの隙には関係する設計要素）

・機能：ボデー8と隙確保

・要求性能：ボデー8と干渉なきこと

No.16　ファンのモーター取り付け穴

（ボデー8とファンとの隙には関係する設計要素）

・機能：ファンのセンタリング、モーターシャフトと固定

・要求性能：ボデー8とファンが干渉なきこと、抜け荷重○○N以上

No.17　組立作業

・機能：部品と部品の組付け

（ボデー8とファンとの隙には関係する製造要件）

・要求性能：組付けのバラツキによりボデー8とファンとが干渉しないこと

 機能・要求性能は設計要素を決める基

　このように機能とその要求性能を書き出していくと、それらを
実現する設計要素がどのようにあるべきか、設計経験の少ない読
者にも見えてきたと思う。本来はこの機能・要求性能があって、
それを実現すべき設計要素がある。また、機能・要求性能から今
後問題を見つける故障モードの原因が発見できる。

第9章　プロセス　2）問題発見の分析

問題発見の準備が整ったので、次は準備した設計の構造とその機能から想定される故障モードを抽出し、変更・変化点に起因する故障モードが起きる原因を発見する。

9.1　構造と機能・要求性能を二元表に見える化

　後の問題発見シートで問題発見を実施するために見える化の準備を行う（図表7-6j）。

☆**活動目的**
・問題発見の分析のために問題発見シート（二元表）に設計（構造の構成）要素（達成手段）と機能・要求性能（達成要件）を見える化し、二要素から問題発見ができるよう交点を作る。

☆**活動ポイント**
　第3章で記載したFMEAのプロセス「④故障分析」を漏らさず行うために、故障発見の二要素である構造分析（設計要素）、機能分析（機能・性能）を抜け漏れなく表現する。
① **【設計要素（達成手段）】**：製品構造を上位から下位構造に構成要素を部品、部位、材料等に分解し部品間の相互の影響・関連を分析する。図表8-19をそのまま使用する。
② **【機能（達成要件）】**：構成要素が果たすべき機能・要求性能を決定し機能間の相互影響を分析する。図表8-34の機能と要求性能欄をそのまま使用する。

★**何が起きるか**
・対象とする設計要素、機能が欠落するとその交点も欠落して、未然防止で一番重要な故障モードの原因発見に漏れが発生する。
・設計要素、機能の欠落により見える化が不十分でデザインレビューでの心配点発見の精度が低く期待した未然防止の成果が得られない。

9.1.1　問題発見シートの作り方

　それでは本書の課題をもとに具体的に作成してみよう（**図表9-1**）。第8章で作

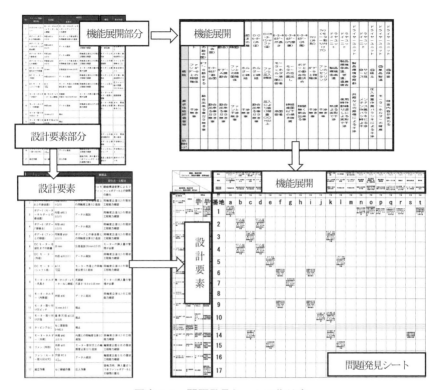

図表 9-1　問題発見シートの作り方

成した部品表・機能展開の最終状態（図表8-34）から「設計要素部分」と「機能展開部分」を2つに分離する。このとき、「ユニット／部品／部位名」から「変化点・心配点」までが設計要素で、「機能」と「要求性能」が機能展開部分となる。分離した設計要素を問題発見シートの左辺にはり付ける。一方、残った機能展開は問題発見シートの上辺にはり付けて問題発見シートを作成し、問題発見の準備を完成する。

　心配点の交点を特定するために、**図表9-2**では設計要素側（数字）と機能側（アルファベット）の番地を追加している。

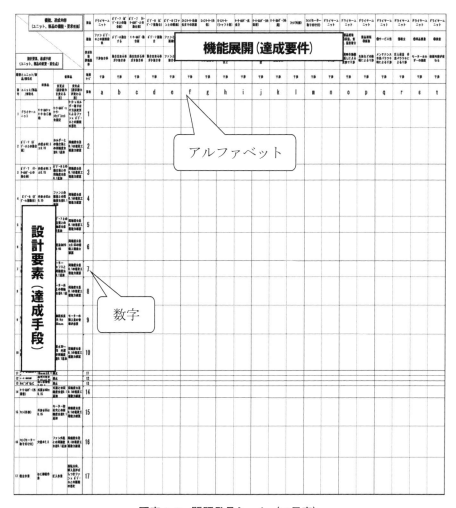

図表 9-2　問題発見シート（二元表）

9.2　機能から考えられる故障モードの抽出

☆活動目的

・抽出した機能と設計要素から起こる可能性のある故障モードを発見してその原因を特定する準備を行う。

・機能と設計要素から複数の故障モードが考えられるが、変更・変化に関係する故障モードでのみを抽出すれば良い。このように構造分析を変更・変化点から行う DRBFM は、変更・変化点のない所は排除できるので、効率的に未然防止が行える。読者もすでに気づかれたように、逆に変更・変化点を漏らさず抽出することが重要になる。そうでない場合は、全設計要素から問題発見をすることになる。

☆活動ポイント

　故障モードとは前にも述べたように破壊、固着、折損、摩耗、変形、緩み、劣化などで、故障そのものではなく、システムの故障を引き起こす原因となる構成部品、コンポーネント、ソフトウエアの構造破壊、機能の不履行のことを言う。機械的な故障モードとその故障現象事例を**図表 9-3**にまとめた。本課題は公差に関係するファンとボデー8 の隙間の「干渉」で、同図の網掛け部分に相当する。

★何が起きるか

・故障モードが欠落するとその次の漏れのない原因抽出ができないことになる。

図表 9-3　故障モードとその故障現象の事例

	故障モード	故障現象
1	破壊	・衝撃破壊・熱衝撃破壊　・遅れ破壊・延性破壊　・クリープ破壊
2	亀裂	・オゾンクラック・環境応力割れ（ESC）・劣化亀裂・応力腐食割れ（SCC）
3	変形	・熱変形・クリープ（へたり）・残留歪み・塑性変形（降伏）
4	緩み	・締結による緩み・外力に対する保持力不足・熱収縮（膨張）
5	外れ	・半嵌合による外れ
6	剥れ	・塗装剥れ・静荷重による剥れ・疲労による接着面剥れ
7	摺動抵抗	・潤滑油粘性上昇による摺動抵抗
8	摩耗	・電気的摩耗・接点摩耗・異物混による摩耗
9	干渉	・部品間の相対熱膨張により干渉・異物により干渉 ・外力により変形し干渉・振動により部品が振れて干渉 ・吸湿による膨張による干渉 ・部品間の相対熱膨張により干渉・組付けバラツキによる干渉
10	洩れ	・異物噛み込みシール洩れ・鋳巣による洩れ・シール不良
11	詰り	・ゴム内観軟化による閉塞・異物による詰り・凍結による詰り
12	異音	・共振による振動・自励振動・伝達による振動
13	固着	・ゴムと金属等との固着・氷結による固着・溶着
14	透過	・液体透過・気体透過

9.2.1　機能から故障モードの抽出演習事例

・設計要素と機能から想定される故障モードを抽出
・色々な故障モードが考えられるが演習事例では「干渉」だけに限定して行う
　（図表 9-4）。

図表9-4　機能・要求性能と故障モードの事例（図表9-2の一部抜粋）

部品	機能	要求性能評価基準	故障モード
ドライヤーユニット	㉖検査	検査で干渉確認	干渉
ドライヤーユニット	㉕単品製造	モーターホルダーの精度確	干渉
ドライヤーユニット	㉔組立	圧入荷重作業バラツキ時無きこと	干渉
ドライヤーユニット	⑳サービス性	メンテナンス作業バラツキ時による干渉無きこと	干渉
ドライヤーユニット	製品環境⑩振動	共振る干渉無きこと	干渉
ドライヤーユニット	製品環境⑧高温、低温、湿度複合	使用時作動繰り返しによる変形で干渉無きこと	干渉
ドライヤーユニット	製品環境⑤高温	熱源よる変形で干渉無きこと	干渉
ファン（モーター取り付け穴）	ファンのセンタリング	干渉無きこと	干渉
ファン（外形）	ボデー8と隙間確保	干渉無きこと	干渉
モーターホルダー（外周）	ボデーとの嵌合位置決め	隙間無く嵌合出来ること	干渉
モーターホルダー（内筒壁）	モーターの位置出し	締結座面以下の傾き精度	干渉
モーターホルダー爪長さ	モーター×ホルダー底面に密着	底面密着	干渉
DCモーター（シャフト径）	ファンと圧入締結	圧入により抜け荷重○○N以上	干渉
DCモーター（外径）	ホルダーと締結	嵌合出来ることガタ無きこと	干渉
冷却孔までの距離	ホルダーと締結	干渉無きこと	干渉
ボデー8（ファンとの隙間）	ファンとの隙面確保	ファンと干渉無きこと	干渉
ボデー8（ボデーA接嵌合）	ボデーA接嵌合	嵌合出来ることガタ無きこと	干渉
ボデー7（モーターホルダーとの嵌合面）	モーターホルダー嵌合面	嵌合出来ることガタ無きこと	干渉
ボデー7（ボデー8との嵌合面）	ボデー8嵌合面	嵌合出来ることガタ無きこと	干渉
ドライヤーユニット	ファンボデー8との隙間確保	干渉無きこと	干渉

9.3 変更に関わる心配点 （故障モードが起きる原因）を抽出

・設計要素を変更する場合、機能・要求性能が変化する場合のどちらか一方があると、設計要素が機能を満足しない故障モードが起きる可能性があるので、故障モードを起こす原因を漏れなく発見する。

☆活動目的

・設計要素を決定するために問題を起こす原因を漏れなく発見する。

☆活動ポイント

・設計要素と機能・要求性能の二元表を作成し、故障モードの原因が交点の全てに起きるわけではないので、可能性がある範囲を二元表に見える化する。

・二元表に見える化した設計要素（耐力側）と機能・要求性能（ストレス側）の両方向から、各交点に相互影響がないかを確認、機能を阻害する故障モードを起こす変更・変化点が起因する原因を抽出する（図表9-5）。

・FMEAで行う構造分析と機能分析から故障分析を行い、故障モードと起こす原因を発見する行為を漏れを防ぐために二元表にして見える化する。

★何が起きるか

・すでに気づいている原因だけを問題解決シートに記載しても、原因の抽出ができず評価で問題が発生してやり直し、または評価が抜けて市場で不具合が発生する可能性がある。

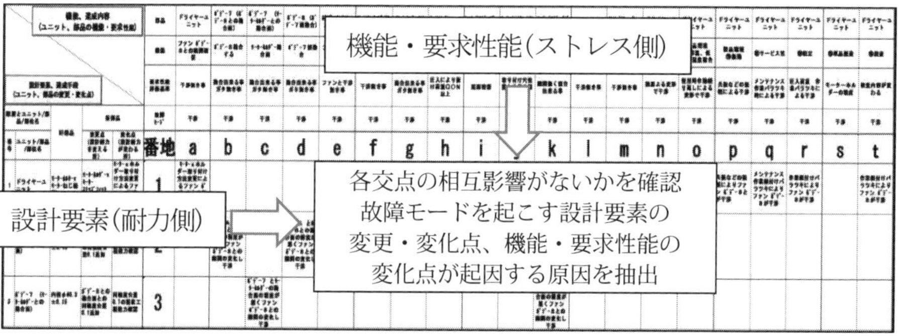

図表9-5　設計要素を決定に関係する故障の原因

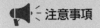
9.3.1　二元表により故障モードが起きる原因を発見した事例

　本演習課題の設計要素と機能から故障モードを抽出して、なぜ故障モードが起
きるのかを変更・変化点を基に原因を抽出した全容を**図表 9-6** に記した。以下、
設計要素（数字）と機能（アルファベット）で示した交点の公差に関係する原因
を説明する。

9.3.2　演習事例の故障モードが起きる原因を解説

　設計要素毎に「故障モードの干渉を起こす原因」を製品が変わる部位に限定し
て説明する。図表 8-34 を変更・変化点と機能・要求性能を下の a—1 のように分
解して、設計要素が機能・要求性能を満たさない故障モードを起こす可能性のあ
る原因（100 %問題にならない原因も）を発見する（図表 9-6 は記載内容が一部
省略されているため、本文を参照のこと）。

機能、達成内容（ユニット、部品の機能・要求性能）
設計要素、達成手段（ユニット、部品の変更・変化点）

番号	ユニット/部品/部位名	部品	変更点（設計耐力を変える所）	変化点（設計耐力が変わる所）	番地	a	b	c	d	e	f	g	h
部品						ドライヤーユニット	ボデー7（ボデー8との勘合面）	ボデー7（モーターホルダーとの勘合面）	ボデー8（ボデーAr接合面）	ボデー8（ファンとの隙面）	DCモーター冷却孔までの距離	DCモーター（外径）	DCモーター（シャフト径）
機能						ファンとボデー8との隙間確保	ボデー8と勘合する	モーターボデーと勘合	ボデー7接合確保	ファンとの隙確保	ホルダーと軸前	ホルダーと軸前	ファンと圧入締結
要求性能評価基準						干渉無き事	勘合出来る事ガタ無き事	勘合出来る事ガタ無き事	勘合出来る事ガタ無き事	ファンと干渉無き事	干渉無き事	勘合出来る事ガタ無き事	圧入により首直OON以上
故障モード						干渉	干渉	干渉	干渉	干渉	干渉	干渉	干渉
1	ドライヤーユニット	モーターホルダーxモーターねじ締結	モーターホルダーxモーターxスナップフィット化固定	モーター取り付け方法変更によるファンxボデー8との隙間の悪化	1	モーター×ホルダー取り付け方法変更によるファン×ボデー8との隙間の悪化							
2	ボデー7（ボデー8との勘合面）	内径φ63.3±0.15	ホルダーとの勘合面との同軸度公差0.2追加	ホルダーとの勘合面の同軸度公差0.2追加	2			ボデーAとボデーBとの勘合面の精度が悪くファンボデー8との隙間の変化し干渉		ボデーAとボデーBとの勘合面の精度が悪くファンボデー8との隙間の変化し干渉			
3	ボデー7（モーターホルダーとの勘合面）	内径φ60.3±0.15	データム追加	同軸度公差0.2の現状工程能力確認	3			ボデー7とモーターボデーとの勘合面の精度が悪くファンボデー8との隙間の変化し干渉		ボデー7とボデー8との勘合面の精度が悪くファンボデー8との隙間の変化し干渉			
4	ボデー8（ボデーA接合面）	外形φ63±0.15	データム追加	同軸度公差0.2の現状工程能力確認	4			ボデー7とボデー8との勘合面の精度が悪くファンボデー8との隙間の変化し干渉		ボデー7とボデー8との勘合面の精度が悪くファンボデー8との隙間の変化し干渉			
5	ボデー8（ファンとの隙面）	円筒径φ59±0.15	ボデー7との同軸度公差0.2追加	同軸度公差0.2の現状工程能力確認	5					ボデー8のファンの隙面の精度不良でファンxボデー8との隙間の変化し干渉			
6	DCモーター冷却孔までの距離	20mm	公差追加20±0.05	モーターの挿入量の管理が必要	6						冷却孔までの距離と爪の長さのバラつきによりモーター軸の偏心		
7	DCモーター（外径）	内径28φ±0.1	データム追加	同軸度公差0.2の現状工程能力確認	7							DCモーターの外径が精度不良でボデー8との隙間の変化し干渉	
8	DCモーター（シャフト径）	φ2.3	モーター外各との同軸度公差0.2追加	同軸度公差0.2の現状工程能力確認	8								
9	モーターホルダー爪長さ	爪（ホルダーxモーターねじ締結）爪締結爪長さ19.9±0.05mm	爪締結爪長さ19.9±0.05mm	モーターの挿入量の管理が必要	9						冷却孔までの距離と爪の長さのバラつきによりモーター軸の偏心		
10	モーターホルダー（内側寸法）	内径φ28	内径φ28 -0.1/-0.3 データム追加	同軸度公差0.2の現状工程能力確認	10								
11	モーター取り付け付け方ピッチ	16mm±0.1	廃止		11								
12	モーター取付穴径	座ぐり穴六角寸法	廃止		12								
13	タッピンネジ	ねじ径寸法	廃止		13								
14	モーターホルダー（外径）	外周φ60±0.15	外周との同軸度公差0.2追加	同軸度公差0.2の現状工程能力確認	14			モーターホルダー外周の精度でファンxボデー8との隙間の変化し干渉					
15	ファン（外形）	外形φ55±0.15	モーター取り付けの同軸度公差0.15追加	軸部度公差0.15の現状工程能力確認	15						ファン外形の精度でファンxボデー8との隙間の変化し干渉		
16	ファン（モーター取り付け穴）	穴径φ2.3	データム追加	軸部度公差0.15の現状工程能力確認	16								
17	組立作業	ねじ締結作業	圧入作業	回転方向、挿入量がばらつきファンxボデーBとの隙間の悪化	17	回転方向、挿入量がばらつきファンxボデーBとの隙間の悪化							

図表 9-6　問題発

モーターホルダー爪長さ	モーターホルダー(内筒壁)	モーターホルダー(外周)	ファン(外形)	ファン(モーター取り付け穴)	ドライヤーユニット	ドライヤーユニット	ドライヤーユニット	ドライヤーユニット	ドライヤーユニット	ドライヤーユニット	ドライヤーユニット
モーター×ホルダー底面に密着	モーターの位置出し	ボデーとの勘合位置決め	ボデーと爪磁性	ファンのセンタリング	製品環境⑤高温	製品環境⑥高温、低温、湿度複合	製品環境⑬振動	⑬サービス性	⑪組立	⑫単品製造	⑭検査
底面密着	隙間無く勘合出来る事	隙間無く勘合出来る事	干渉無き事	干渉無き事	熱源よる変形で干渉	使用時作動繰り返しによる変形で干渉	共振などの振幅による干渉	メンテナンス作業による干渉	圧入背圧作業バラツキによる干渉	モーターホルダーの精度	検査内容が変わる
干渉	干渉	干渉	干渉	干渉	干渉	干渉	干渉	干渉	干渉	干渉	干渉
i	j	k	l	m	n	o	p	q	r	s	t
					熱源よる変形でファンボデー8との間の変化し干渉	使用時作動繰り返し環境ストレスによる変形でファンボデー8が干渉	共振などの振幅によりファンボデー8が干渉	メンテナンス作業組付けバラツキによりファンボデー8が干渉	作業組付けバラツキによりファンボデー8が干渉		検査内容が変わり爪の勘合が確認出来ずファンボデー8が干渉
	ボデー7とモーターホルダーの勘合の精度が悪くファンボデー8との間の変化し干渉										
		ボデー8のファンとの隙面の精度不良でファン×ボデー8との間の変化し干渉									
冷却孔までの距離と爪の長さのバラツキによりモーター軸の偏心											
冷却孔までの距離と爪の長さのバラツキによりモーター軸の偏心											
	モーターホルダー内径の精度でファン×ボデー8との間の変化し干渉	モーターホルダー内径と外径の同軸度でファン×ボデー8との間の変化し干渉									
		モーターホルダー外周の精度でファン×ボデー8との間の変化し干渉								外周設計形状は同じでも型が変わり精度確認が必要	
			ファン外形の精度でファン×ボデー8との間の変化し干渉								
				ファンモーター取り付け穴の精度でファン×ボデー8との間の変化し干渉							
									組立時回転方向、挿入量がばらつきファン×ボデー8との間の変化し干渉		検査内容が変わり爪の勘合が確認出来ずファンボデー8が干渉

見シート作成事例

⦿番地：a—1 の解説

階層とユニット/部品/部位名		旧部品	新部品		番地
番号	ユニット/部品/部位名		変更点	変化点・心配点	
1	ドライヤーユニット	モーターホルダーx モーターねじ締結	モーターホルダーx モーター固定スナップフィット化	ホルダー取り付け方法変更によるボデー8とファンとの隙間の悪化	1

（設計要素欄）

設計要素

・ユニット/部品/部位名：ドライヤーユニット

・旧部品：モーターホルダーとモーターねじ締結

・新部品の変更点：モーターホルダーとモーター固定スナップフィット化

・新部品の変化点：モーターとホルダー取り付け方法変更によるボデー8とファンとの隙間の悪化

機能要素

・機能：ファンボデー8との隙間確保

・要求性能：干渉無きこと

・故障モード：干渉

機能欄	
部品	ドライヤーユニット
機能	ファンボデー8との隙間確保
要求性能評価基準	干渉無きこと
故障モード	干渉
番地	a

故障モードの原因（設計要素、機能要素から抽出した故障モードを起こす原因）

　モーターとホルダー取り付け構造を変更したことにより、8.3.1 項で記載したように、締結の絶対基準が異なり最終的にファンとボデー8との隙間のバラツキが変化し干渉する

※図表9-6の左辺の設計要素（数字）と上辺の機能要素（アルファベット）とその交点（番地）の故障モードを起こす原因を記載。以下の番地の情報も同様である。

⦿ 番地：n—1 の解説

設計要素

・ユニット/部品/部位名：ドライヤーユニット

・旧部品：モーターホルダーx モーターねじ締結

・新部品の変更点：モーターホルダーx
  モーター固定スナップフィット化

・新部品の変化点：モーターx
  ホルダー取り付け方法変更によるボデー8とファンとの隙間の悪化

機能要素

・機能：製品使用環境⑤高温

・要求性能：熱源よる変形で干渉しない

・故障モード：干渉

故障モードの原因

　モーターとホルダーの締結構造変更により追加したホルダーの爪でモーターの冷却孔が塞がれモーター発熱とヒーターの直射熱により、ホルダーに熱変形が発生してボデー8とファンとの隙間が変化し干渉する

⦿ 番地：o—1 の解説

設計要素

・ユニット/部品/部位名：ドライヤーユニット

・旧部品：モーターホルダーとモーターねじ締結

・新部品の変更点：モーターホルダーとモーター固定スナップフィット化

・新部品の変化点：モーターとホルダー取り付け方法変更によるボデー8と

ファンとの隙間の悪化

機能要素

・機能：製品使用環境⑧高温、低温、湿度複合

・要求性能：使用時作動繰り返しによる変形で干渉しない

・故障モード：干渉

故障モードの原因

モーターとホルダーの締結構造変更により、お客様が使用する高温、低温、湿度の繰り返し作動環境によりホルダー爪部が変形しボデー8とファンが干渉する

◉番地：p—1の解説

設計要素

・ユニット/部品/部位名：ドライヤーユニット

・旧部品：モーターホルダーとモーターねじ締結

・新部品の変更点：モーターホルダーとモーター固定スナップフィット化

・新部品の変化点：モーターとホルダー取り付け方法変更によるボデー8とファンとの隙間の悪化

機能要素

・機能：製品使用環境⑩振動

・要求性能：共振などの振幅による干渉しない

・故障モード：干渉

故障モードの原因

　締結がスナップフィットになり、モーター冷却孔とホルダー爪の固定状態
に隙が発生して、モーターの振動による共振などの振幅によりボデー8とフ
ァンとが干渉する

⊙番地：q—1 の解説

設計要素

・ユニット/部品/部位名：ドライヤーユニット

・旧部品：モーターホルダーとモーターねじ締結

・新部品の変更点：モーターホルダーとモーター固定スナップフィット化

・新部品の変化点：モーターとホルダー取り付け方法変更によるボデー8と
　ファンとの隙間の悪化

機能要素

・機能：⑳サービス性

・要求性能：メンテナンス作業バラツキ時により干渉無きこと

・故障モード：干渉

故障モードの原因

　モーターの交換メンテナンス作業時の組
付けがスナップフィットになり、圧入時の
作業バラツキにより爪が冷却穴に嵌り切っ
ていなく、ボデー8とファンが干渉する

爪が冷却穴に嵌り
切っていない

⊙番地：r—1,17 の解説

設計要素

・ユニット/部品/部位名：ドライヤーユニット

- ・旧部品：モーターホルダーとモーターねじ締結
- ・新部品の変更点：モーターホルダーとモーター固定スナップフィット化
- ・新部品の変化点：モーターとホルダー取り付け方法変更によるボデー8と
  ファンとの隙間の悪化

機能要素
- ・機能：製造時の組立
- ・要求性能：作業バラツキによる干渉しない
- ・故障モード：干渉

故障モードの原因
モーターとホルダーの組付けが圧入になり、組立時モーターとホルダーの回転方向、挿入量がばらつきファンとボデー8との隙間が変化し干渉する

⦿番地：t—1,17 の解説

設計要素
- ・ユニット/部品/部位名：ドライヤーユニット
- ・旧部品：モーターホルダーとモーターねじ締結
- ・新部品の変更点：モーターホルダーとモーター固定スナップフィット化
- ・新部品の変化点：モーターとホルダー取り付け方法変更によるボデー8と
  ファンとの隙間の悪化

機能要素
- ・機能：製造時検査
- ・要求性能：爪が冷却孔に嵌合確認
- ・故障モード：干渉

故障モードの原因

モーターとホルダー締結状態の検査内容が変わり、爪の嵌合状態の確認方法と合否の判定が難しくなりボデー8とファンが干渉する

◉番地：f、i—6、9の解説

設計要素

・ユニット/部品/部位名：DC モーター冷却孔までの距離

　爪締結爪長さ 19.9±0.05 mm、モーターの挿入量の管理が必要

機能要素

・機能：ホルダーと固定、底面密着
・要求性能：バラツキ無く固定でき干渉無きこと
・故障モード：干渉

故障モードの原因

モーターの冷却孔までの距離とホルダー爪長さの部品精度不良によりモーターとホルダーの底面が密着しなく、モーター軸がホルダーに対してファンシャフトが偏心してボデー8とファンが干渉する

◉番地：g—7の解説

設計要素

DC モーター（外径）データム追加、同軸度公差 0.2 の現状工程能力確認

機能要素

・機能：ホルダーと締結
・要求性能：ガタが無くホルダー内筒と嵌合ができること

・故障モード：干渉

故障モードの原因

・モーター外径とホルダー内筒径にガタがあり、ボデー8とファンとが干渉する。

・モーター外径（データム）に対してシャフトの同軸度精度が確保できずボデー8とファンが干渉する。

（従来はモーターシャフトとねじ孔位置で精度が確保されていた）

新：モーターシャフト軸とモーターの外径で決まる

旧：モーターシャフト軸とモーターのめねじ孔位置で決まる

⊙**番地：j, k―10の解説**

設計要素

・ユニット/部品/部位名：ホルダー内径

・旧部品：内径30φ

・新部品の変更点：内径 φ28−0.1/−0.3、データム追加

・新部品の変化点：同軸度公差0.2の現状工程能力確認

機能要素

・機能：モーターの位置出し

・要求性能：隙間なく嵌合できること

・故障モード：干渉

故障モードの原因

・ホルダー内筒径の設計不良で、モーター外径と隙間が発生してファンとボデー8とが干渉、ホルダー内筒（データム）に対して外径の同軸度不良でファンとボデー8との隙間が変化し干渉（従来はモーターのねじ締結面がホルダーのボデー取り付け外径に対して精度が要求されたが、新しい構造ではホルダーの内筒壁と外径の精度がボデー8とファンの隙間に影響する）

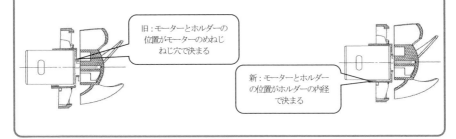

旧：モーターとホルダーの位置がモーターのめねじねじ穴で決まる

新：モーターとホルダーの位置がホルダーの内径で決まる

◉番地：c，k，s—14の解説

設計要素

・ユニット/部品/部位名：ホルダー外周径（製造）
・旧部品：外周 $\phi60\pm0.15$
・新部品変更点：内径 $\phi28$ をデータムとした同軸度交差 0.2 追加
・新部品/変化点：同軸度公差 0.2 の現状工程能力確認

機能要素

・機能：ホルダーの単品成型
・要求性能：モーターホルダーの精度は現行並み
・故障モード：干渉

故障モードの原因

・ホルダーの外周径は従来と同じでも、内径をデータムとした同軸度公差の要求追加および新たにホルダーの爪を追加したことにより型新設のため、

製品バラツキが変わりファンとボデー8との隙間が変化し干渉する。

9.4　お客様への影響を考える

　問題発見の分析で故障モードとその原因を抽出したが、もしその心配点が発生
した場合に社内の後工程からエンドユーザーで起きる最悪の影響を見つけ出し、
問題のリスク度を認識する。

　DRBFMではFMEAのような優先度を具体的な数値には表現しない。その理
由は、図面を作ってから問題を検出、対策有無を数値化するのではなく、図面作
成時に問題を全て発見・解消して図面に織り込むことを目的に行うからである。

☆活動目的

　故障モードの原因が発生した場合、製品開発の下流の人、部署、会社、エンド
ユーザーにどのような迷惑をかけるか、最悪の影響を考える。当然だがこのよう
な迷惑を掛けないために未然防止を行うのである。

☆活動ポイント

影響の迷惑度から対策を考える優先順位の判断基準となる。

お客様：製品機能・性能が果たせない最悪状態、人に与える危害など

（お客様への影響の事例としてヘアードライヤーが使用不可、異音、振動、発熱、出火など）

製造：製品を制作することに支障を起こす内容（成型要件から外れ成型不可、製品が干渉して組立不可、確認ができず検査不可など）

サービス：サービスができない内容（メンテナンス不可、分解不可、組立不可など）

★何が起きるか

及ぼす影響を軽視すると対応を間違え、お客様に迷惑をかけて会社の信用、存続にかかわることになる。過去の不具合事例から、最初は自社の問題ではないとの解析結果を示されることがあるが、最後には自社の問題に繋がる問題をよく耳にする。図面を作る段階で気づき対応すれば、迷惑を掛けず開発のやり直しも要らない。

9.5　問題発見の社内デザインレビューを行う

設計者により問題発見が一通りできたら上司としっかりと確認して、社内開発責任部署とデザインレビュー（DR）を行う。

○目的

「この構造で開発を継続しても良いか？」の社内合意のための DR である。

○時期

構造変更しても開発日程、生産準備に支障が起きない時期までに実施。

○ DR 参加者

製品開発に関係し責任がある部署の責任者（設計者が知見がない領域の問題発見ができる専門部署の部員）。一般的には下記の部署に依頼するが、設計者が問題発見シートを作成すれば、どのような問題を発見すべきか、自分ではどこを見つけることができないのかを整理すれば、どの部署に参加を求めるべきかが見えてくると思われる。

・担当設計者・関係部品設計者・担当評価者・材料の専門家・品質保証部・担当生産技術者・工場品質管理・サービス部署・関係仕入先

○実施方法

　まずは設計担当者が行った問題発見シートをその上司と確認を行う。その部品の設計分野で一番知見と責任があるのは上司のため、担当者と入念に議論し、社内の知見を広く知るための部下育成の場面であることも認識して行う。

　問題発見シートの機能欄縦軸に責任部署と担当者を決める（**図表 9-7**）。責任部署に事前配布して問題抽出を依頼し、設計者が気づいていない問題を、社内の責任者が責任を持って穴埋めを行う。

・設計者は問題発見シートの横軸の活動

　製品に対する機能、要求項目を満たす設計要素になっているか確認を行う。

・デザインレビュー参加者、責任部署は問題発見シートの縦軸からの活動

　設計要素が責任部位の要求を満たしているか確認を行う（**図表 9-8**）。

・議論すべき内容を集約、それを基に DR の場で確認・議論し追加をする。「この構造で開発を継続しても良いか？」の社内合意を取る。

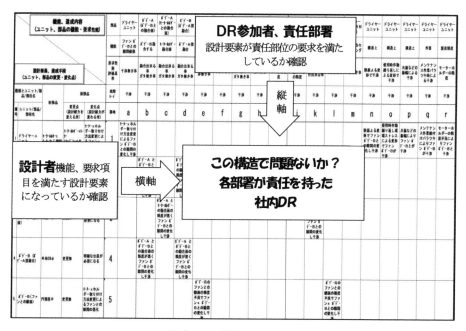

図表 9-8　問題発見の DR

部品	機能	要求性能評価基準	責任部署	故障モード
ドライヤーユニット	製造精度	モーターホルダーの精度	製造	干渉
ドライヤーユニット	作業	メンテナンス作業バラツキ時による干渉	サービス	干渉
ドライヤーユニット	構造上	共振などの振幅による干渉	材料品保部	干渉
ドライヤーユニット	構造上	使用時作動繰り返しによる変形で干渉	材料品保部	干渉
ドライヤーユニット	構造上	熱源よる変形で干渉	材料品保部	干渉
ファン（モーター取り付け穴）	ファンのセンタリング	干渉無きこと	評価部署品保部	干渉
ファン（外形）	ボデーBと隙間確保	干渉無きこと	評価部署品保部	干渉
ファン	ボデーとの嵌合位置決め	隙間無く嵌合出来ること	評価部署品保部	干渉
モーターホルダー（外周）	モーターとの位置出し	取り付け穴位置と穴径の精度	評価部署品保部	干渉
モーターホルダー（外径）	モーターの位置出し	締結座面以下の傾き精度	評価部署品保部	干渉
モーターホルダー（内径）	モーターの位置出し	底面密着	評価部署品保部	干渉
モーターホルダー（内筒壁）	モーター×ホルダー底面に密着	嵌合出来ることガタ無きこと	評価部署品保部	干渉
モーターホルダー爪長さ	ホルダーと締結	干渉無きこと	評価部署品保部	干渉
DCモーター（外径）	ホルダーと締結	ファンと干渉無きこと	評価部署品保部	干渉
冷却孔までの距離	ファンとの隙間確保	嵌合出来ることガタ無きこと	評価部署品保部	干渉
ボデーB（ファンとの隙間）	ボデーA接嵌合	嵌合出来ることガタ無きこと	評価部署品保部	干渉
ボデーB（ボデーA接嵌合）	モーターホルダー嵌合面	嵌合出来ることガタ無きこと	評価部署品保部	干渉
ボデーA（モーターホルダーとの嵌合面）	ボデーB嵌合する	嵌合出来ることガタ無きこと	評価部署品保部	干渉
ボデーA（ボデーBとの嵌合面）	ファンボデーBとの隙間確保	干渉無きこと	評価部署品保部	干渉
ドライヤーユニット			評価部署品保部	干渉

注意事項

　責任者、責任範囲を明確にして行わないと、デザインレビュー
を行っても良い意見は出ない。デザインレビューは設計者の責任
だけで行っているのではなく、その製品開発に関係している他部
署にも責任がある。そのため、責任分担を決めて行うと良い。

　実施した問題発見シートを残すと、問題が発生したときの振り返り、設計
改善を行ったときの旧部品であるお手本になるのでルール化して残そう。

9.6　同時に解決する原因を整理

　1つの原因を解決すれば問題解決ができることは少なく、他の原因と関連して
いる場合が多い。問題発見シートで同時に解決すべき原因を整理して問題解決作
業を行うと良いので整理の方法を説明する。

①**図表 9-9** の左辺の設計要素例（番地 1）は、関係する上辺の要求性能の一番
　大きなストレス、または複合したストレス原因から同時に対策を考える。

②図表 9-9 の上辺の機能・要求性能を満足させるためには、その列（番地 d）
　を関係する縦列の全ての原因を同時に対策を考える。

③対策内容が関係する部品と背反がある場合は、1 部品から解決策は決まらな
　いために関係する部品を見つけ、両者から同時に解決策を考えるために、設
　計要素の上限を決める原因と下限を決める要因を見つける必要がある。

　　本書の 10.6 節以降の問題解決事例を参照すれば、問題解決シートの問題発
　見部分の複数の項目を束ねて問題解決が行われているので参照されたい。

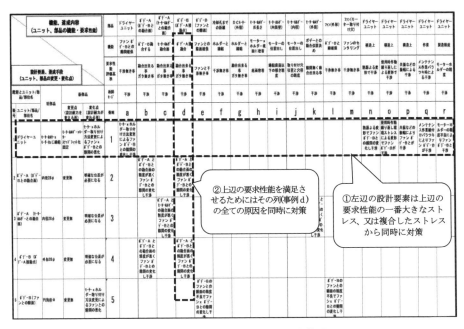

図表 9-9　同時に解決する原因を整理

9.7　問題発見シートから問題解決シートへ移行

　問題発見シートと問題解決シート左半分は同じ内容の項目が記載されているので、移行作業を**図表9-10**の手順で行う。問題発見シートは発見の漏れが見つけ易いように二元表で構成されている。一方、問題解決シートは問題を解決するために一列毎に解決結果を整理できる帳票になっている。

　上記作業を手作業で行うと大変煩わしく工数を必要とするが、第13章で紹介する「未然防止ツール」を使用するとワンクリックで自動に移行できる。このような設計者にとって生産性の低い業務はITの活用を心がけたい。

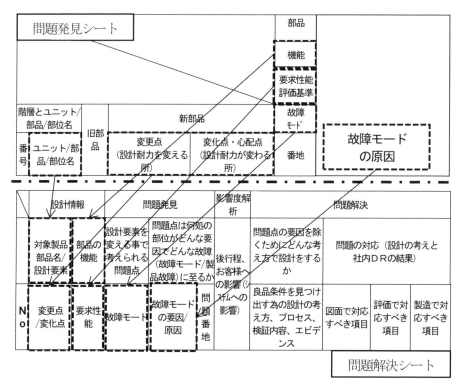

図表9-10　問題発見シートから問題解決シートへ移行

第10章　プロセス　3）問題解決の分析

問題発見シート（設計要素と機能・性能の二元表）で抽出した故障モードの原因から複数の対策手段を考え、最適な手段を選択し現物評価で設計確認を行う。問題がなければ製造工程に正確に伝わるように、図面に設計良品条件を幾何公差などで指示して、管理する手段を設計者と製造部署が合意する（図表7-6k）。

注意事項

　ただ単に、問題解決を行った結果を記載するだけではなく、故障モードの原因に対してどのような考え、手順で誰を巻き込んで対策をするのか、具体的な計画を立てそれを粛々と実行することを目指していただきたい。製品開発が終了すれば、得られた結果をメンテナンスしてまとめた物として開発経緯を残す。未然防止の集大成のプロセスである。

10.1　問題解決のための問題解決シートの説明

　問題解決シートの設計情報の分析、問題発見の分析は、すでに解説をしたため、本章では、問題解決の分析について説明する（**図表10-1**）。

図表10-1　問題解決シートフォーマット（網掛け部が問題解決部位）

	設計情報		問題発見				影響度解析	問題解決				
	対象製品部品名/設計要素	部品の機能	問題点は何処の部位がどんな要因でどんな故障（故障モード/製品故障）に至るか				後工程、お客様への影響	問題点の要因を除くためにどんな考え方で設計をするか		問題の対応（設計の考えと社内DRの結果）		
No	変更点/変化点	要求性能	故障モード	故障モードの原因	問題番地			良品条件を見つけ出す為の設計の考え方、プロセス、検証内容、エビデンス		図面で対応すべき項目	評価で対応すべき項目	製造で対応すべき項目

10.2　問題の原因を除くためにどんな設計をするか

☆活動目的

　良品条件を見つけ出すための設計の考え方、プロセス、検証内容を考える。

☆活動ポイント

　実施した結果でなく本来の未然防止である、発見した故障モードを起こす原因を今後どのように解決するかを計画する。この計画の良し悪しが、設計者の腕の見せ所である。計画が悪いと先が見えず、何回もやり直をするはめになるので、少し立ち留まって考える時間を作っていただきたい。

　対策方法は複数考えられるが、エンドユーザー、客先、製造その他社内にとって一番良い手段を考える。何故その対策方法を選んだのか、本来の製品設計の考え方が示される重要なプロセスである。

★何が起きるか

　対策手段の選択を誤ると製造で作り難い、またはお客様に満足いただけない製品設計を選択することになる。

10.3　図面で対応すべき項目

☆活動目的

　図面を使う人たちに設計意図が正確に伝わるように、幾何公差などを使用して図面指示する。本書で扱うGD&Tの成果が見えるプロセスである。

☆活動ポイント

　製造工程に対して、良品条件、設計要求などが正確に伝わる表現で記載する。製造、検査工程の順序、基準の考え方を考慮する。

★何が起きるか

　良い設計を行ったとしても後工程に真意が伝わらなく問題が発生する。製品を作り難い図面指示となり、原価・工数アップ、不具合の可能性も多くなる。

10.4　評価で対応すべき項目

☆活動目的
　机上の設計の考え方が問題ないか、お客様が使う現物にて商品確認を行う。

☆活動ポイント
　設計者が評価者と問題の解決策の机上評価、擦り合わせを行う。想定される最悪の設計要素の製品に対して、想定される最悪のストレスを加え、要求する機能・性能が必要な余裕（安全率）を持って満足できるか確認と判断を行う。

★何が起きるか
　設計が想定する範囲が評価部署に伝わっていないため、正しい評価ができず市場不具合が発生。

10.5　製造で対応すべき項目

☆活動目的
　図面指示された良品条件の製造管理内容を製造と調整し、QC 工程表※などに落とす。

☆活動ポイント
　図面に指示された、設計良品条件が満足できないと、お客様に最悪どんな迷惑を掛けるか設計部署が製造部署に伝える。
　設計良品条件を継続的に守るための製造の構え（5M※など）を明確にする。

★何が起きるか
　製造に対して設計良品条件の考え方、お客様への影響度が伝わっていないため、重要な市場不具合が発生。

＊QC 工程表：製品の原材料、部品の受入から最終製品として出荷されるまでの各工程毎の管理
　特性、管理方法を工程の流れに沿ってまとめた表
※5M：製造過程の品質を左右する5つの要素（人、機械、材料、方法、計測）

10.6　課題に沿って具体的に問題解決内容を説明

　問題解決シートの故障モードの原因に対して**図表 10-2** の順にどんな考え方で設計をするか、図面で対応すべき項目、評価で対応すべき項目、製造で対応すべき項目を詳細に解説する。

　なお同図にある「問題番地」とは、図表 9-6 の番地と同じものである。本節において関連する解説文にはこの番号を記入している（図表 10-2 は記載内容が一部省略されているため、本文を参照のこと）。

> **📢 注意事項**
>
> 　先に説明したようにどんな考え方で設計をするかは設計者にとって色々な手段があると思うので、自分だったらどうするかも考えてみよう。もっと良い解決策があるかもしれない。過去の設計チェックシートは確認が必要だが、もっと良い設計良品条件があるかもしれない。未然防止とは決して過去の知見を守りミスを回避するだけの活動ではない。商品性、コスト、製造手段も含め、もっとも良い設計への挑戦である。

10.6.1　ドライヤーユニット全体の設計の考え方（No. 1）

　部品と部位：ドライヤーユニット解説

　ドライヤーユニット全体に関係する心配点解決の考え方を紹介。

[No. 1　故障モードの要因/原因] 問題番地：a—1

　モーターとホルダー取り付け構造を変更したことにより、8.3.1 項で記載したように、締結の絶対基準が異なり最終的にファンとボデー8 との隙間のバラツキが変化し干渉する。

交点No	要件整理		問題発見			後行程、お客様への影響（システムへの影響）
	対象製品 部品名/設計要素 変更点/変化点	部品の機能 要求性能	故障モード	故障モードの要因/原因	問題番地	
1	ドライヤーユニット モーター本体ダ゛-xモーター-ストッフ゛フィット化固定 モーター x ホルダー取り付け方法変更によるファン x ボデ゛-8との隙間の悪化	ファン ボデ゛-8との隙間確保 干渉無き事	干渉	モーター x ホルダー取り付け方法変更によるファン ボデ゛-8との隙間の変化し干渉	a-1	使用不可
2	ドライヤーユニット モーター本体ダ゛-xモーター-ストッフ゛フィット化固定 モーター x ホルダー取り付け方法変更によるファン x ボデ゛-8との隙間の悪化	使用環境 熱源よる変形で干渉	干渉	熱源よる変形でファンとボデ゛-8との隙間が変化し干渉	n-1	使用不可
3	ドライヤーユニット モーター本体ダ゛-xモーター-ストッフ゛フィット化固定 モーター x ホルダー取り付け方法変更によるファン x ボデ゛-8との隙間の悪化	使用環境 使用時作動繰り返し環境ストレスによる変形で干渉	干渉	使用時作動繰り返し環境ストレスによる変形でファンとボデ゛-8が干渉	o-1	使用不可
4	ドライヤーユニット モーター本体ダ゛-xモーター-ストッフ゛フィット化固定 モーター x ホルダー取り付け方法変更によるファン x ボデ゛-8との隙間の悪化	使用環境 共振などの振幅による干渉	干渉	共振などの振幅によりファンとボデ゛-8とが干渉	p-1	使用不可
5	DCモーター-冷却孔までの距離 公差追加20±0.05 モーターの挿入量の管理が必要	ホルダーと締結 干渉無き事	干渉	爪の長さと冷却孔までの距離とのバ゛ランスによりモーター軸の偏心	f,i-6	使用不可
6	モーター本体ダ゛-爪長さ 爪締結爪長さ19.9±0.05mm モーターの挿入量の管理が必要	ホルダーと締結 干渉無き事	干渉		f,i-9	使用不可
7	ドライヤーユニット モーター本体ダ゛-xモーター-ストッフ゛フィット化固定 モーター x ホルダー取り付け方法変更によるファン x ボデ゛-8との隙間の悪化	製査の検査 検査内容が変わる	干渉	検査内容が変わり爪の勘合が確認出来ずファンとボデ゛-8が干渉	t-1	使用不可
8	組立作業 圧入作業 回転方向、挿入量がばらつきファン x ボデ゛-Bとの隙間の悪化		干渉		t-17	使用不可

図表10-2　本書の課題での

問題解決						
問題点の要因を除くためにどんな考え方で設計をするか	問題の対応（設計の考えと社内DRの結果）					
良品条件を見つけ出す為の設計の考え方、プロセス、検証内容、エビデンス	図面で対応すべき項目	期限/担当	評価で対応すべき項目	期限/担当	製造で対応すべき項目	期限/担当
ドライヤーユニット全体設計の考え方 ①計算結果1.75±1.02で問題無し（工程能力未確認の状態） ②使用環境が隙間Zに影響無いか調査、評価を行う。 ③モーター冷却孔までの距離と爪の長さのバラツキによりモーター軸の偏心影響ないような設計公差にする ④ボデー8とファンの干渉に関係する各部品に置いて変更点の有る部位は変更前のバラツキ以内の設計を行う。 ⑤関係する部品で変更が無い部品の設計要素は従来と同じバラツキを確保する。 ⑥メンテナンス時の組付けバラツキがファンが干渉に影響しないか確認する。 ⑦構造変更による製造バラツキを旧構造に収める設計にする。	No2以降で記載		公差計算にて確認済み その他はNo2以降で記載		全ての工程能力を確認 No2以降で記載	
②使用環境が隙間Zに影響無いか調査、評価を行う。 変更前の構造でボデー8とファン隙間の変化を調査 使用環境によるボデー8とファンの干渉の評価条件を決める。 ・評価条件の決定 使用年数：○年1日の使用時間：○分x○名＝○分 環境温度：モーターホルダーの最高温度を実測して評価温度を決定 使用大気温30℃でホルダーの温度がサチレートする温度を測定する。	無し		・部品の準備：旧構造と手作りした新構造の製品を準備。 ・決めた環境、ストレス条件で両製品のファンとボデー8の隙間の変化を測定。 ・判断基準 旧製品の変化量以下でファンの干渉が無い事を確認済。		無し	
③モーター冷却孔までの距離と爪の長さのバラツキによりモーター軸の偏心に影響ないような設計公差にする （部品を変更しないモーター冷却孔を基に設計） 検査にてホルダーの爪がモーター冷却孔に勘合の確認を行う事を要望とその手段を確認	モーター冷却穴位置：20±0.05 ホルダーの爪長さ：19.9±0.05		公差計算のみ		実測公差を調査済み 冷却穴位置：20±0.05 ホルダーの爪長さ：19.9±0.05工程能力確認済み	
	無し		無し		検査にてホルダーの爪がモーター冷却孔に勘合の確認が出来るか確認済み	

問題解決シート作成事例（続く）

9	ＤＣモーター（外径） モーターシャフトとの同軸度公差0.1追加 同軸度公差0.2の現状工程能力確認	ホルダーと 固定 嵌合出来る事ガタ 無き事	干渉	モーターの外径が精度不良でファ ンxボデー-8との隙間の変化 し干渉	g-7	使用 不可
10	モーターホルダー（内筒壁） 内径φ30→φ28 外周との同軸度公差0.2追加 同軸度公差0.1の現状工程能力確認	ファンとの隙間確 保 ファンと干渉無き 事	干渉	ホルダー内径（内筒壁）の精度 でファンとボデー-8との隙間 が変化し干渉	j-10	使用 不可
11	モーターホルダー（内筒壁） 内径φ30→φ28 外周との同軸度公差0.2追加 同軸度公差0.1の現状工程能力確認	ボデーとの嵌合位 置決め 隙間無く嵌合出来 る事	干渉	モーターホルダー内径と外径の同軸 度不良でファンxボデー-8と の隙間の変化し干渉	k-10	使用 不可
12	モーターホルダー（外周径） 外周との同軸度公差0.1追加 同軸度公差0.1の現状工程能力確認	ボデー7との嵌合 面 嵌合出来る事ガタ 無き事	干渉	ホルダー外周径の精度不良で ファンとボデー-8との隙間が 変化し干渉	c,k- 14	使用 不可
13	モーターホルダー（外周径） 外周との同軸度公差0.2追加 同軸度公差0.1の現状工程能力確認	単品製造 現行並みのホル ダー精度	干渉	外周設計寸法は同じでも型新 設の為、製品バラツキが変わ りファンとボデー-8との隙間 が変化し干渉	s-14	単品製品製造 不可
14	ドライヤーユニット モーターホルダーxモータースナップ フィット化固定 モーターxホルダー取り付け方法変更によるファンx ボデー-8との隙間の悪化	サービス性 メンテナンス作業 バラツキ時による 干渉	干渉	メンテナンス作業組付けバラ ツキによりファンとボデー-8 が干渉	q-1	メンテナンス 不可
15	ドライヤーユニット モーターホルダーxモータースナップ フィット化固定 モーターxホルダー取り付け方法変更によるファンx ボデー-8との隙間の悪化	組立時 圧入荷重、作業バ ラツキによる干渉	干渉	組立時回転方向、挿入量がバ ラツキファンxボデー-8との 隙間の変化し干渉	r-1	製造組立不可
16	組立作業 圧入作業 回転方向、挿入量がばらつきファンxボデー-8と の隙間の悪化		干渉		r-17	製造組立不可
17	ボデー7（ボデー-8との勘合面） ホルダーとの勘合面との同軸度公差0.2追加	ボデー-8と勘合す 勘合出来る事ガタ 無き事	干渉	ボデー-8（ボデー-7接勘合、 ファンとの隙面）との同軸度 不良でファンとボデー-8との	b-2	単品製品製造 不可
18	ボデー7 （モーターホルダーとの勘合面） ボデーとの勘合面との同軸度公差0.2追加 同軸度公差0.2の現状工程能力確認	モーターホルダー勘合面 勘合出来る事ガタ 無き事	干渉	隙間の変化し干渉	c-3	単品製品製造 不可
19	ボデー-8（ボデー-7接勘合） ファンとの隙面との同軸度公差0.2追加 同軸度公差0.2の現状工程能力確認	ボデー7と勘合す 勘合出来る事ガタ 無き事	干渉	ボデー-8（ボデー-7勘合面と ファンとの隙面）不良でファ ンxボデー-8との隙間の変化	b-4	単品製品製造 不可
20	ボデー-8（ファンとの隙面） ファンとの隙面との同軸度公差0.2追加 同軸度公差0.2の現状工程能力確認	ファンとの隙間確 保 ファンと干渉無き 事	干渉	し干渉	e-5	単品製品製造 不可
21	ファン（外形） モーター取付穴との輪郭度公差0.15追加 輪郭度公差0.15の現状工程能力確認	ボデー8との隙間 確保 ファンが干渉無き 事	干渉	ファン外形の精度でファンxボ デー-8との隙間が変化し干渉	e-15	単品製品製造 不可
22	ファン（モーター取り付け穴） ファン外径との輪郭度公差0.15追加	ファンのセンタリ ング 干渉無き事	干渉	ファンのモーター取り付け穴 の精度でファンxボデー-8と の隙間の変化し干渉	m-16	単品製品製造 不可

図表 10-2　本書の課題での

④変更点の有る部位は変更前のバラツキ以内の設計を行う。 ・モーター、ホルダーの最悪公差時にも隙間が無い公差設定（部品を変更しないモーター外径を基に設計） ・ホルダー内周に圧入応力が加わる為に応力計算を実施 ・モーター外径とシャフトの同軸度バラツキが影響する為に同軸度公差を追加する ・ホルダー（内筒壁）と 外周の同軸度公差を追加する	モーターシャフトとモーター外径円中心の同軸度0.2追加 ホルダー内径公差： φφ28 -0.1 -0.3 ホルダー（内筒壁）の同軸度0.2を追加を検討中	最悪嵌め合い時のホルダー応力計算結果問題無し	外径28φ±0.1 同軸度公差0.2追加 各工程能力確認済み ホルダー内径公差： φφ28 -0.1 -0.3 工程能力確認済み 内径と外径の同軸度0.2は工程能力が無い為に0.3に変更で調整中	
⑤関係する部品で変更が無い部品の設計要素は従来と同じバラツキを確保する。変更前の外周φ60±0.05が爪を追加しても工程能力の有無を確認。 同軸度公差0.1の現状工程能力確認	外周φ60±0.05 同軸度公差0.2追加を検討中	無し	外周φ60±0.05の工程能力を確認済み 外径の同軸度0.2は工程能力が無い為に0.3に変更で調整中	
⑥メンテナンス時の組付けバラツキがファンが干渉に影響しないか確認する。 メンテナンス作業説明書にメンテナンス時の方法、組付け後の確認事項を記載し注意喚起を行う。	メンテナンス作業説明書作成 爪の勘合状態確認方法記載	無し	メンテナンス作業説明書にて爪の勘合部が確認出来た	
⑦構造変更による製造バラツキを旧構造に収める設計にする。 モーターとモーターホルダー圧入時挿入量、回転方向のバラツキによりファンxボデ-8との隙間が変化しないか確認して可能性があれば悪化しなく勘合出来る製造治具を製造に要望	無し	無し	モーターとホルダー圧入と爪勘合が出来る治具と確認要領書を作成して作業が出来る事を確認済み	
⑦構造変更による製造バラツキを旧構造以下に収める設計にする。 公差計算で想定した同軸度公差0.2の現状工程能力確認	ボデ-7 とボデ-8に同軸度公差0.2追加	無し	ボデ-7 とボデ-8に同軸度公差0.2の工程能力確認済み	
⑦構造変更による製造バラツキを旧構造に収める設計にする。 公差計算で想定した輪郭度公差0.15の現状工程能力確認	ファン輪郭度公差0.15追加	無し	ファン輪郭度公差0.15の工程能力確認済み	

問題解決シート作成事例（続き）

[No.1　良品条件を見つけ出すための設計の考え方]

　ドライヤーユニットシステムとして構造変更への対応の全体的な公差設計の考え方を記載する。具体策は No.2 以降で説明を行う。

①スナップフィット構造に変更した図面にて、ボデー8とファンの隙間 Z の公差に関係する公差計算を行う。現行構造の正しい図面により計算した結果である 1.75±1.21 以上の隙間が確保されれば公差計算上は問題なしと判断する。

[Step4　新構造における公差計算の実施（GD & T）]

　計算結果は現行隙間 1.75±1.21 に対して 1.75±1.15 のため、公差計算上は問題なしと判断した。

公差計算書	製品名 ドライヤー	ポイント： 隙間Zの公差計算【Step3】				
氏名	年月日	No.	項　目	寸法と公差	中心寸法と公差	係数	実効値

説明図：

No.	項　目	寸法と公差	中心寸法と公差		係数	実効値
A	ボデー8の内側径	59±0.15	59	±0.15	0.5	0.075
B	ファンの外形 （輪郭度公差へ変更）	輪郭度0.15	55.5	±0.075	1	0.075
C	ファンのモーター取付穴径	2.3 0 -0.012	2.294	±0.006	圧入のため計算しない	
D	モーターのファン取付軸径	2.3 0.012 0.004	2.308	±0.004		
E	ホルダーのねじ締結穴径	2.55±0.05	2.55	±0.05	ねじ締結廃止により不要となる	
F	おねじ径	2.5 -0.02 -0.12	2.43	±0.05		
G	モーターのめねじ位置公差 （位置度公差へ変更）	位置度0.15	16	±0.075		
H	ホルダーのねじ締結穴位置公差 （位置度公差へ変更）	位置度0.15	16	±0.075		
I	ボデー7の内側径	60.3±0.15	60.3	±0.15	0.5	0.075
J	ホルダーの外側径	60±0.15	60	±0.15	0.5	0.075
K	ボデー7の ボデー8接合部内側径	63.3±0.15	63.3	±0.15	0.5	0.075
L	ボデー8の ボデー7接合部外側径	63±0.15	63	±0.15	0.5	0.075
M	ボデー8の内側同軸度	同軸度0.2	0	±0.1	1	0.1
N	ボデー7のボデー8接合部内側 同軸度	同軸度0.2	0	±0.1	1	0.1
O	モーターの先端軸同軸度	同軸度0.2	0	±0.1	1	0.1
P	ホルダーの外形同軸度	同軸度0.2	0	±0.1	1	0.1

計算式：
　f = A/2-B/2
　　= 1.75

（がたの計算）	がたの中央値			
C-Dがた	圧入のためガタは無い			
E-Fがた	ねじ締結廃止により不要となる			
I-Jがた	0.3		0.5	0.15
K-Lがた	0.3		0.5	0.15

設計の考え方：

	ワーストケース計算結果	1.75±1.15

図表 10-3　新構造による公差計算

②製品使用環境が隙間 Z に影響がないか調査、確認を行う。

　モーターとホルダーの締結構造が、2 本のねじ締結から 2 か所のスナップフィット固定にしたことによるお客様の使用環境で、ボデー8 とファンとの隙間に変化がないかを確認する。詳細は No2, 3, 4 で説明。

　お客様の使用環境に変化点はないが、構造が変わることにより使用環境が同じでも、製品の耐力が低下して問題が起きる可能性の有無の確認が必要。

③モーター冷却孔とホルダーの爪はボデー8 とファンの干渉に関係しないような寸法と公差にする。詳細は No5, 6 で説明。

④ボデー8 とファンの干渉に関係し、かつ変更がある各部品において、現行構造の公差に収まるような構造、寸法公差にする。詳細は該当部位で説明を行う。

⑤ボデー8 とファンの干渉に関係する部品で変更がない部品の設計要素は従来と同じバラツキを確保する。実態公差を調査して図面に公差追加。製造では公差が追加された（従来並み）精度を工程で維持。詳細は該当部位で説明を行う。

⑥製品のメンテナンス・サービス時の組付けバラツキがファンが干渉する問題に影響しないか確認を行う。

⑦構造変更による製造組付けバラツキを現行構造と同様の範囲に収める設計にする。各部品の各嵌合を保証できる製造、治具、検査工程にする。

[No. 1　**図面で対応すべき項目**]　No2 以降で記載
[No. 1　**評価で対応すべき項目**]　公差計算にて確認した（**図表 10-3**）。
[No. 1　**製造で対応すべき項目**]　No2 以降で記載

📢 **注意事項**

　設計公差計算上は成立したが課題のファンとボデー8 の隙間 Z の干渉問題の製品設計がまだ完了したわけではない。

　公差計算が成立した図面、設計要素にて公差に関係する①設計構造上の問題、②製品使用環境上の問題、③製造公差上の問題、④サービス上の問題等を抽出した故障モードの原因を対策する必要がある。

解決順序を入れ替え、個々の故障モードを起こす原因対策を行ってから公差計算を行う場合もある。どちらが先かは一般解はないが通常は計算と問題点解決を繰り返しながら良品条件を見つけることになる。

10.6.2 問題解決ドライヤーユニット全体の設計の考え方（No. 2〜4）

部品と部位：ドライヤーユニット解説

9章9.6節で説明したように No. 2, 3, 4 は同時に解決すべき事例内容となる。

[No. 2, 3, 4 故障モードの要因/原因] 問題番地：n—1、o—1、p—1

・モーターとホルダーの締結構造変更により追加したホルダーの爪でモーターの冷却孔が塞がれモーター発熱とヒーターの直射熱によりホルダーの熱変形が発生してボデー8とファンとの隙間が変化し干渉する（No. 2）
・モーターとホルダーの締結構造変更により、お客様が使用する高温、低温、湿度の繰り返し作動環境によりホルダー爪部が変形しボデー8とファンが干渉する（No. 3）
・締結がスナップフィットになりモーター冷却孔とホルダー爪の固定状態に隙が発生してモーターの振動による共振などの振幅によりボデー8とファンとが干渉する（No. 4）

[No. 2, 3, 4 良品条件を見つけ出すための設計の考え方]

旧・新構造でボデー8とファン使用環境による隙間の変化を調査する。そのために使用環境によるボデー8とファンの干渉の評価条件を決める。
　・評価条件の決定
　　使用年数：○年 1 日の使用時間：○分 × ○名 ＝ ○分
　　環境温度：モーターホルダーの最高温度を実測して評価温度を決定
　　使用大気温○○℃でホルダーの温度がサチレートする温度を測定する。

[No. 2, 3, 4 図面で対応すべき項目]

なし

[No. 2, 3, 4 評価で対応すべき項目]

・評価部品の準備：旧構造と手作りした新構造の製品を準備。

・決めた使用環境、評価条件で旧、新両製品のファンとボデー8の隙間の変化を測定。

・判断基準：旧部品のファンとボデー8の隙間と変化量が小さくかつ隙間が0.5以上であることを確認済。隙間が0.5以上確保できれば、変更後の公差計算結果 1.75±1.15 の最悪バラツキの最小隙間 1.75−1.15＝0.6＞0.5 であり干渉はしない。

[No. 2, 3, 4 製造で対応すべき項目]

なし

10.6.3　DCモーターとホルダー締結部設計の考え方（No. 5〜8）

部品と部位：モーター冷却孔、ホルダー爪解説

スナップフィット固定に変更しても締結部位をガタのないしまり構造にする。

[No. 5, 6, 7, 8　故障モードの要因/原因] 問題番地：f、i—6、f、i—9、t—1、t—17

・モーターの冷却孔までの距離とホルダー爪長さの部品精度不良によりモーターとホルダーの底面が密着しなくモーター軸がホルダーに対してモーターファンシャフトが偏心してボデー8とファンが干渉する（No. 5, 6）

・モーターとホルダー締結状態の検査内容が変わり爪の嵌合確認方法と合否の判定が難しくなりボデー8とファンが干渉する（No. 7, 8）

[No. 5, 6, 7, 8　良品条件を見つけ出すための設計の考え方]

③モーター冷却孔までの距離と爪の長さのバラツキによりモーター軸の偏心に影響がないような設計公差にする。

（部品を変更しないモーター外径と冷却孔を基に設計）

検査にて、ホルダーの爪がモーター冷却孔に嵌合するかどうかの確認を行うことを要望し、その手段を確認する。

[No. 5, 6, 7, 8　図面で対応すべき項目]

図表10-4のようにモーター冷却穴位置：20±0.05 mm、ホルダーの爪長さ：19.9

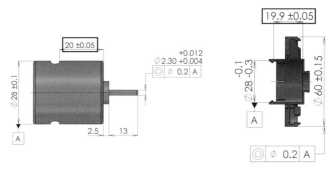

図表 10-4　モーター、ホルダー爪締結公差

±0.05 mm を記載する。

[No. 5, 6, 7, 8　評価で対応すべき項目]

　公差計算でガタのない設計実施。製造でのガタ有無を確認。

[No. 5, 6, 7, 8　製造で対応すべき項目]

　実態公差を調査済み冷却穴位置：20±0.05、ホルダーの爪長さ：19.9±0.05 工程能力確認済み。検査にてホルダーの爪がモーター冷却孔に嵌合の検査作業ができることを確認済み。

10.6.4　DC モーターとホルダー圧入部設計の考え方（No. 9, 10, 11）

部品と部位：DC モーター外径解説

　ホルダーと嵌合するモーター外形の問題解決を示す。

[No. 9　故障モードの要因/原因］問題番地：g—7

・モーター外径とホルダー内筒径にガタがありボデー8 とファンとが干渉する。
・モーター外径（データム）に対してシャフトの同軸度精度が確保できず、ボデー8 とファンが干渉する（従来はモーターシャフトとねじ孔位置で精度が確保されていた）。

[No. 9　設計の考え方]

④変更点のある部位は変更前のバラツキ以内の設計を行う。

・部品を変更しないモーター外径公差を基に、ホルダー内筒径の最悪公差時にも
　隙間がない公差設定を行う。

・新構造はモーター外径とシャフトの精度が、ファンとボデー8と隙間に影響す
　るためにシャフトをデータムとして、外径に同軸度公差を追加する

[No. 9　図面で対応すべき項目]

図表10-5のようにモーター外形公差：$\phi 28 \pm 0.1$

モーター外形とシャフト径：$\phi 2.3 \ ^{+0.012}_{+0.004}$

外径をデータムとして、シャフトに同軸度公差0.2を記載する。

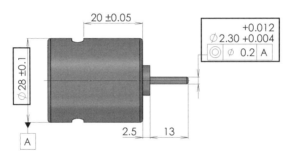

図表10-5　モーター外径、シャフト公差

[No. 9　評価で対応すべき項目]

机上公差計算のみで確認。

[No. 9　製造で対応すべき項目]

モーター外形、シャフト径の公差の工程能力を調査して問題なし。

シャフトをデータムとした、モーター外径に対する同軸度の工程能力を調査し
て問題なし。

部品と部位：ホルダー内筒径解説

モーターと嵌合するホルダー内筒径の問題解決を示す。

[No. 10　故障モードの要因/原因]　問題番地：j—10

　ホルダー内筒径の設計不良でモーター外径と隙間が発生してファンとボデー8とが干渉。

[No. 10　良品条件を見つけ出すための設計の考え方]

・部品を変更しないモーター外径公差を基に、ホルダー内筒径の最悪公差時にも隙間がない公差設定を行う。

・最悪嵌め合い時ホルダー内周に圧入応力が加わるために応力計算を実施。

[No. 10　図面で対応すべき項目]

　図表 10-6 のようにホルダー内径 $\phi28 \ _{-0.3}^{-0.1}$ を記載する。

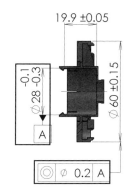

図表 10-6　ホルダー内筒径公差

[No. 10　評価で対応すべき項目]

　最悪嵌め合い時 0.4 mm のホルダー応力計算結果問題なし。

[No. 10　製造で対応すべき項目]

　ホルダー内径公差：$\phi28 \ _{-0.3}^{-0.1}$ 工程能力確認済み。

部品と部位：ホルダー内筒径解説

　モーターと嵌合するホルダー内筒径の問題解決を示す。

[No. 11　故障モードの要因/原因] 問題番地：k—10

モーター内筒（データム）に対してと外径の同軸度不良でファンとボデー8との隙間が変化し干渉。

（従来はモーターのねじ締結面がホルダーのボデー取り付け外径に対して精度が要求されていたが、新しい構造ではホルダーの内筒壁と外径の精度がボデー8とファンの隙間のに影響する）

[No. 11　良品条件を見つけ出すための設計の考え方]

爪を追加したために成型用の型が新設されても、同軸度公差0.2の工程能力が確保できるか確認。

[No. 11　図面で対応すべき項目]

図表10-6のようにホルダー内筒をデータムとした外周の同軸度0.2を記載する。（製造の工程能力調査中で0.3に変更する予定）

[No. 11　評価で対応すべき項目]

机上計算のみで確認。

[No. 11　製造で対応すべき項目]

ホルダー内筒をデータムとした外周の同軸度0.2が、製造での工程能力ないために0.3に変更で調整中。

10.6.5　部品変更がない部位の公差の考え方（No. 12, 13）

部品と部位：ホルダー外周径解説

ボデー7と嵌合するホルダー外周径の問題解決を示す。

[No. 12　故障モードの要因/原因] 問題番地：c、k—14

爪追加による成型型新設のため、ホルダー外周径の精度不良でボデー7との嵌合部に隙が発生し、ファンとボデー8との隙間が変化し干渉。

[No. 12　良品条件を見つけ出すための設計の考え方]

　⑤ファンとボデー8との隙間に関係する部品で変更がない部品の設計要素は、従来と同じバラツキを確保する。変更前の外周 $\phi60\pm0.05$ が爪を追加した形状に型新設しても工程能力があることを確認。

[No. 12　図面で対応すべき項目]

　図表10-7のように外周 $\phi60\pm0.15$ を記載する。

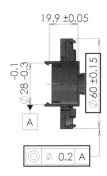

19.9 ±0.05

ϕ 28 $^{-0.1}_{-0.3}$

ϕ 60 ±0.15

A

◎ ϕ 0.2 A

図表 10-7　ホルダー内筒径公差

[No. 12　評価で対応すべき項目]　なし
[No. 12　製造で対応すべき項目]　外周 $\phi60\pm0.15$ の工程能力を確認済み

部品と部位：ホルダー外周径解説

[No. 13　故障モードの要因/原因]　問題番地：s—14

　従来はモーターのホルダーねじ締結穴と外周径に対して精度が要求されたが、新しい構造ではホルダーの内筒径をデータムとした同軸公差が必要になるのと新たにホルダーの型新設もあり、ファンとボデー8との隙間が変化し干渉する。

[No. 13　良品条件を見つけ出すための設計の考え方]

　爪が追加され型が新設されても同軸度公差0.2の工程能力が確保できるか確認。

[No. 13　図面で対応すべき項目]

　図表10-7の様にホルダー内筒をデータムとして、外径に同軸度0.2を記載する。

（製造の工程能力の基準値を満たすか調査中で不足の場合 0.3 に変更する予定）

[No. 13　評価で対応すべき項目]

なし

[No. 13　製造で対応すべき項目]

ホルダー内筒径と外周の同軸度 0.2 が規定の工程能力の基準値を満たさないために 0.3 に変更で調整中。

10.6.6　部品変更がない部位の公差の考え方（14, 15, 16 行目）

部品と部位：ドライヤーユニット組立作業解説

ドライヤーユニット全体に関係するメンテナンス・組立上の心配点解決。

[No. 14　故障モードの要因/原因] 問題番地：q—1

モーターの交換メンテナンス作業時の組付けがスナップフィットになり、圧入時の作業バラツキにより爪が冷却穴に嵌り切っていなくボデー8とファンが干渉する。

[No. 14　良品条件を見つけ出すための設計の考え方]

⑥モーター修理等のメンテナンス時の組付けバラツキがファンの干渉に影響しないか確認する。メンテナンス作業説明書にメンテナンス時の方法、組付け後の確認事項を記載し注意勧告を行う。

[No. 14　図面で対応すべき項目]

メンテナンス作業説明書作成：「爪が冷却孔に嵌り切っていること、ファンとボデー8の隙間があること、ファンを回転させ干渉がなきことを確認のこと」を記載する。

[No. 14　評価で対応すべき項目]　なし

[No. 14　製造（メンテナンス）で対応すべき項目]

　メンテナンス作業説明書にて爪の嵌合状態が確認でき、要求が了承された。

[No. 15, 16　故障モードの要因/原因］問題番地：r—1、17

　モーターとホルダーの組付けが圧入になり組立時回転方向、挿入量がバラツキ
ファンとボデー8との隙間が変化し干渉する。

[No. 15, 16　良品条件を見つけ出すための設計の考え方]

　⑦構造変更による製造バラツキを旧構造以下に収める設計にする。
　モーターとホルダー圧入時の回転方向、挿入量がばらつくことにより、モーター軸に嵌合するファンとボデー8との隙間に影響しないか確認する。悪化の可能性があれば悪化しなく嵌合ができる圧入治具を製造に要望。

[No. 15, 16　図面で対応すべき項目]　なし
[No. 15, 16　評価で対応すべき項目]　なし

[No. 15, 16　製造で対応すべき項目]

　モーターとホルダー圧入と爪嵌合ができる治具と、嵌合作業の確認用要領書を作成して作業ができることを確認済み。

10.6.7　部品変更がない部位の公差の考え方（No. 17, 18, 19, 20）

部品と部位：ボデー7各部品との嵌合部解説

　ボデー7のボデー8およびホルダーとの嵌合部の心配点解決。

[No. 17, 18　故障モードの要因/原因］問題番地：b—2、c—3

　ボデー7（ボデー8との嵌合面とホルダーとの嵌合面データム）の同軸度不良で、ファンとボデー8との隙間の変化し干渉する。

[No. 17, 18　良品条件を見つけ出すための設計の考え方]

　⑦構造変更による製造バラツキを旧構造以下に収める設計にする。公差計算で想定した同軸度公差0.2の現状工程能力確認する。

[No. 17, 18　図面で対応すべき項目]

図表 10-8 のようにボデー7 ホルダー嵌合面をデータムとしてボデー8 嵌合面に同軸度公差 0.2 を記載する。

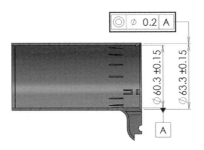

図表 10-8　ホルダー7 同軸度公差

[No. 17, 18　評価で対応すべき項目]　なし

[No. 17, 18　製造で対応すべき項目]

ボデー7 に同軸度公差 0.2 の工程能力が十分であることを確認済み。

部品と部位：ボデー8 各部品との嵌合部解説

ボデー8 のボデー7 嵌合部とファンとの隙面の心配点解決。

[No. 19, 20　故障モードの要因/原因]　問題番地：b—4、e—5

ボデー8 のボデー7 嵌合面（データム）とファンとの隙面の同軸度不良でファンとボデー8 との隙間の変化し干渉する。

[No. 19, 20　良品条件を見つけ出すための設計の考え方]

⑦構造変更による製造バラツキを旧構造に収める設計にする。

公差計算で想定した同軸度公差 0.2 の現状工程能力を確認する。

[No. 19, 20　図面で対応すべき項目]

図表 10-9 のようにボデー8 ボデー7 との嵌合面をデータムとしてファンとの隙間面に同軸度公差 0.2 を記載する。

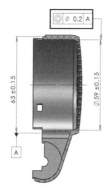

図表 10-9　ホルダー8 同軸度公差

[No. 19, 20　評価で対応すべき項目]　なし

[No. 19, 20　製造で対応すべき項目]

　ボデー8 に同軸度公差 0.2 の工程能力が十分であることを確認済み。

10.6.8　部品変更がない部位の公差の考え方（No. 21, 22）

部品と部位：ファン各部品との嵌合部解説

　ファン外径、モーター取り付け穴の心配点解決。

[No. 21, 22　故障モードの要因/原因] 問題番地：e—15、m—16

　ファン外形の精度不良とファン外形とモーター取り付け穴（データム）の同軸
度不良でファンとボデー8 との隙間の変化し干渉する。

[No. 21, 22　良品条件を見つけ出すための設計の考え方]

　⑦構造変更による製造バラツキを旧構造以下に収める設計にする。

　公差計算で想定した輪郭度公差 0.15 の現状工程能力確認する。

[No. 21, 22　図面で対応すべき項目]

　図表 10-10 のようにモーター取り付け穴をデータムとしてファン外径に輪郭度
公差 0.15 を記載する。幾何公差の範囲指定は、太い一点鎖線で示す。

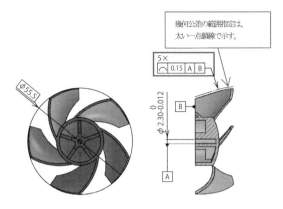

図表 10-10　ファン各部の公差

[No. 21, 22　評価で対応すべき項目]　なし

[No. 21, 22　製造で対応すべき項目]

　ファン輪郭度公差 0.15 の工程能力が十分であることを確認済み。

第11章 問題解決の
社内デザインレビューと
結果のフォロー

11.1　問題解決のデザインレビュー

　問題解決シートができたら、上司と内容を確認して責任者を決め、社内デザインレビュー（DR）を実施する。そこで新たな指摘が公差計算に関係があれば、Step5 問題点の対応により再公差計算（GD＆T）を実施する。

　対応の結果、決められた内容が確実に実施されたかのフォローとその効果の確認を行う。

☆活動目的
　「この図面で生産準備を進めても良いか」の社内合意のための DR である。

☆活動ポイント
　重要なことは図面変更が発生しても、開発日程に支障が生じない時期までに DR を実施することである。DR 参加者は、故障モードの原因の対策を実施する部署の部員で構成する。問題発見の DR のときに、図表 9-7 で問題発見シートの機能欄縦軸に責任部署と担当者を決めたが、変更があればメンテナンスを行い、例えば、製造現場に図面の良品条件を QC 工程表などで展開できる部員に参加を依頼する。

　　・担当設計者・関係部品設計者・担当評価者・材料の専門家
　　・品質保証部・担当生産技術者・工場品質管理
　　・サービス部署・関係仕入先

実施方法は下記の要領で行うと良い。

　設計担当者が行った問題解決シートをその上司と確認を行う。その製品の設計知見の第一人者は上司である。開発の上流の設計が未完成では DR は行えない、しっかりとチェックを受ける。また、上司の知見を部下に伝承・育成する重要な機会でもある。

　該当する責任部署に事前配布して問題抽出を依頼し、図面、問題解決シート、公差計算結果などで事前にテーマを決める。

　それを基に DR の場で確認・議論し「この図面で生産準備を進めても良いか」の社内合意を取る。

　社内に知見がありながら問題を再発させることになる。

演習課題の問題解決デザインレビューの結果まとめ

　ボデー8とファンの隙間に関係する新たな問題指摘はなかった。各評価も現行隙間より減少しない結果が得られたので、公差計算上現行の隙間以上を確保ができ、問題ないことが確定できた。製品を変更しないで公差（同軸、輪郭度）を追加した部品は実態を調査して付与したため、DRでも問題指摘はなく了承された。しかし、確認中であった成型型を新設したホルダーの内筒径をデータムとした外径の同軸度0.2は工程能力が基準値を満たさなく0.3への変更要望があり、設計者が公差計算により0.3に変更可否を検討して回答することになった。

11.2　デザインレビュー結果のフォロー

　社内デザインレビュー（DR）で問題が出れば、変更・変化点の比較に遡って再度DRBFMを行うことになる。当然、公差計算に影響する場合は再計算を行う。

[Step5　問題解決の過程での変更による再計算]

　DRの結果、製造で工程能力が確保できないホルダーの内筒径をデータムとした外径の同軸度0.2から0.3への変更要望があったために、ボデー8とファンの隙間を再計算する。

　最終的な公差計算結果は、**図表11-1**のように、現行のファンとボデー8隙間1.75±1.21（Step2の公差計算結果）に対して、変更後の同隙間1.75±1.20のため、基準とした現行の隙間より悪化しないことが達成できるために、製造部署へホルダーの内筒径をデータムとした外径の同軸度公差を0.2から0.3への変更を了承し、**図表11-2**のように正式図面を出図する（現行寸法1.75±1.21から±1.20に公差レンジが小さくなり課題の隙間Zは小さくならないので干渉は問題なし、また、大きくもならないので風量の効率が下がることもない設計が達成できた）。

公差計算書	製品名 ドライヤー	ポイント: 隙間Zの公差計算【Step5】				
氏名	年月日					

説明図:

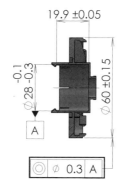

ホルダー同軸度公差0.3に変更

No.	項目	寸法と公差	中心寸法と公差		係数	実効値
A	ボデー8の内側径	59±0.15	59	±0.15	0.5	0.075
B	ファンの外形（輪郭度公差へ変更）	輪郭度0.15	55.5	±0.075	1	0.075
C	ファンのモーター取付穴径	2.3 0/-0.012	2.294	±0.006	圧入のため計算しない	
D	モーターのファン取付軸径	2.3 +0.012/+0.004	2.308	±0.004		
E	ホルダーのねじ締結穴径	2.55±0.05	2.55	±0.05	ねじ締結廃止により不要となる	
F	おねじ径	2.5 -0.02/-0.12	2.43	±0.05		
G	モーターのめねじ位置公差（位置度公差へ変更）	位置度0.15	16	±0.075		
H	ホルダーのねじ締結穴位置公差（位置度公差へ変更）	位置度0.15	16	±0.075		
I	ボデー7の内側径	60.3±0.15	60.3	±0.15	0.5	0.075
J	ホルダーの外側径	60±0.15	60	±0.15	0.5	0.075
K	ボデー7のボデー8接合部内側径	63.3±0.15	63.3	±0.15	0.5	0.075
L	ボデー8のボデー7接合部外側径	63±0.15	63	±0.15	0.5	0.075
M	ボデー8の内側同軸度	同軸度0.2	0	±0.1	1	0.1
N	ボデー7のボデー8接合部内側同軸度	同軸度0.2	0	±0.1	1	0.1
O	モーターの先端軸同軸度	同軸度0.2	0	±0.1	1	0.1
P	ホルダーの外形同軸度	同軸度0.3	0	±0.15	1	0.15
	（がたの計算）	がたの中央値				
	C-Dがた	圧入のためガタはない				
	E-Fがた	ねじ締結廃止により不要となる				
	I-Jがた	0.3			0.5	0.15
	K-Lがた	0.3			0.5	0.15

計算式:
$$f = A/2 - B/2 = 1.75$$

設計の考え方:

ワーストケース計算結果	1.75±1.2

図表 11-1　Step5 問題解決の過程での変更による公差計算

19.9 ±0.05

$\varnothing 28$ -0.1/-0.3

$\varnothing 60 \pm 0.15$

A

⊚ | ∅ 0.3 | A

図表 11-2　ホルダーの最終同軸度公差指示

開発が終わったら最後に

　「思い通りの製品になっているか？」「それが作れる工程になっているか？」現地・現物で確認しよう。ここまで行ってきたエビデンスを、後にお手本になるようにまとめて登録し、次回変更点に着目したDRBFMが効率的にできるようにしよう。これが未然防止の終着点である。

第12章　DRBFM と GD&T 連携の まとめ

12.1　DRBFMとGD&T連携を行っていないと……

　現行ねじ締結構造を記した**図表12-1**左側では、ホルダー外周径とねじ取り付け穴の位置精度が求められ、内筒径はモーター外径と隙間がある設計のために、同軸度公差のような精度要求は必要としなかった。変更したスナップフィット構造である図表12-1右側では、モーター外径とホルダー内筒径が隙間のない圧入構造になっているために、ホルダー外周径と内筒径の同軸度でモーターの位置が決まり、同軸度公差を入れない場合は製造管理をしないためにそのバラツキが大きくなり、ファンとボデー8との干渉問題が市場で起きたかもしれない。

　また、同軸度公差を入れたとしても工程能力を確認しないで当初設計指示0.2を追加すると、生産準備過程で工程能力が基準値に対して不足して、公差変更の設変が発生する。効率的な未然防止を行うためには、この例のようにDRBFMとGD&Tを連携よく行う必要がある。

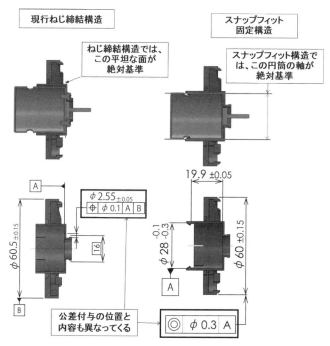

図表12-1　ホルダーの現行構造公差と変更構造公差

12.2　図面の変更と公差計算の推移のまとめ

　Step1〜Step5 の公差計算結果の推移を**図表 12-2** に一覧にした。公差の入れ方および構造変更により、ファンとボデー8 の隙間：Z の公差が変わってしまうことが分かると思う。

図表 12-2　図面の変更と公差計算の推移まとめ

公差計算 Step	図面と変更点		変化点 その他のバラツキ		公差計算	備考
	現行構造（ねじ締結）	新構造（スナップフィット固定）	使用環境	製造、メンテナンス		
Step1	幾何公差未記入（図面の基準）				1.75±1.01	図面不備の為に計算結果は正しくない
Step2	正しい図面幾何公差追記		使用環境変形量 0.5	現行組付バラツキ調査	1.75±1.21（隙間基準値）	現行の正しい計算結果環境でのバラツキと使用環境変形量 0.5 をあわせても最悪でも干渉はしない
Step3		構造変更				
Step4		変更後の正しい図面	使用環境変形量 0.5（現行比較同等）	変更後も現行と組付バラツキの差無し	1.75±1.15	変更後ホルダー工程能力未確認の計算結果
Step5		DR により公差変更ホルダー同軸度公差 0.2→0.3 に変更（最終）			1.75±1.20（最終）	現行の基準よりバラツキ小±1.21→±1.20 環境バラツキ 0.5 を入れても干渉無し

⚠️ **注意事項**

　本書で表示している公差等の数値は、必ずしも実際の製品と乖離している場合がある。あくまでも DRBFM と GD&T 連携を説明するための参考記載例と思っていただきたい。

12.3　DRBFM と GD&T 連携プロセスのまとめ

　演習で体験した DRBFM と GD&T 連携プロセスの重要なポイントを確認して本書の演習課題を終了する。

1）設計情報の分析

1. 現状の分析

　　Step1　現行図面における公差計算の実施（GD&T）
　　Step2　現行図面での正しい公差計算の実施（GD&T）

> ☆DRBFMはお手本からの変更点から問題を発見するために、まずは良いお手本（図面）を選び公差の考え方を学ぼう。

2. 製品環境の変化点の気づき

> ☆製品は色々な環境で作られたり、使われたりする。対象製品の変更点に関係する環境要素を気づきシートに整備して発見した。作り方、使われ方が全く同じでも設計要素が変われば変化点が発生し公差に影響する。

3. 旧・新設計要素の差を比較分析

　　Step3　新構造での公差計算（GD&T）上の変更点抽出

> ☆製品の構造分析を行いお手本（旧部品）と新部品との変更・変化点を発見して差を比較。公差にどの様に関係するか考えよう。

4. 機能・要求性能の分析・整理

> ☆冒頭に説明したようにメカ部品の故障モードの 70 ％は公差に関係する。機能を明確にして故障モードを発見する準備をしよう。

2）問題発見の分析

1. 設計要素、機能の二元表に見える化

☆知っている公差問題を並べるだけではなく設計、機能を二元表に見える化
をして問題発見の準備をしよう。

2. 機能から考えられる故障モードの抽出
3. 変更に関わる故障モードが起きる原因を抽出

☆見える化した二元表から変更点にかかわる故障モードとそれを起こす原因
を具体的に特定しよう。

4. お客様への影響を考える
5. 問題発見の DR を行う

☆自力で発見した公差問題が起きる原因に対して、上司、社内の専門家と
DR をしよう。二元表に見える化したことにより DR 者にも分かり易く多
方面から DR の成果が期待できる。

3）問題解決の分析

1. 心配点を除くためにどんな設計をするかの計画と実施

☆故障モードの原因からお客様、企業にとっての最適解を探そう。くれぐれ
も設計中心の解決にならないように注意（お客様目線が重要）。

2. 公差設計（GD&T）による問題解決の設計意図を明確にした幾何公差より後工程に図面で正しく伝える
Step4　新構造における公差計算の実施（GD&T）

☆幾何公差は設計意図を図面に表現して、後工程に正確に伝える唯一の手段。
また、幾何公差指示を考えることにより製造を知ることになる。

3. 現物の評価で設計の考え方の確認を行う

> ☆問題発見の DR で机上でも評価ができる部分があるので、評価部署と挑戦
> してみよう。

4. 図面の良品条件の意図を製造へ伝えそれを製品に落とす手段を合意する

> ☆ QC 工程表など製造現場での具体的な指示内容も設計としての確認を行お
> う。

5. 問題解決 DR を行う

Step5　問題点の対応により再公差計算の実施（GD＆T）

> ☆図面段階にて社内の責任者で DR を実施し、図面変更（設変）を最小限に
> 留めよう。本課題ではこの DR で工程能力の問題が浮彫になった。

6. 対応の結果実施した活動フォローを行う

> ☆最後に思い通りの製品になっているか？　それが作れる工程になっている
> か？　現物を確認しよう。これが未然防止の終着点である。

　以上の公差に関係する問題点が成立しても、ねじ締結からスナップフィット固
定に変えたことによる設計の全てが成立した訳ではない。

　図表12-3で記載した、スナップフィット固定構造を採用した場合、経年および
熱による変形にて必要な固定力が得られるか？　経年および熱による劣化にて爪
部の破壊は問題がないか？　製造での組立作業およびメンテナンス時の作業が問
題なくできるか？　などの問題点も、公差問題と同時に問題発見、問題解決が必
要である。

　上記のような公差に直接関係ない心配点も、始めに公差を考えて正しく図面を
作ってこそ問題発見ができるようになる。公差は図面作りの原点と言える。

　最初に触れたように本書では、公差の故障モード：干渉に限定した記載になっ
ていることを再度お伝えする。

図表 12-3　本書の演習部位

変更点	問題の項目	故障モード	問題の部位と現象
モーターとホルダーをねじ締結からスナップフィット固定に変更	公差の心配点	干渉	ファンとボデー8の隙間
		変形	ホルダーの爪とモーター冷却孔の嵌合部
		緩み	
		摩耗	
		異音	
	公差に直接関係無い心配点	破壊	ホルダーの爪とモーター冷却孔の嵌合部
		亀裂	
		外れ	
		変形	
		緩み	
		劣化	
		摩耗	
		異音	

本書はファンとボデー8の隙間干渉に限定

公差を考えて正しく図面を作ってこそ心配点が発見出来る

課題の演習お疲れ様でした

あとは読者の皆さんが良いと思われた所をすぐ実行して欲しい

これだけ考えて初めて責任を持った製品になるんだね

基本を理解して毎日意識して仕事で使えばすぐ身に付くよ！

第13章 DRBFM を精度よく 効率的に行うためには

紹介した演習の変更点の量と起きる問題では、演習を行った事例の全てを実施する必要はないが、未然防止を精度よく行うためにはそれ相応の工数が必要になる。開発初期に DRBFM を行えばやり直しが少なくなり、後で工数低減ができることがわかっていても中々できないのが現実である。

　結局、業務を行った後で思い出しながら作る形骸化した未然防止で、重複した工数が必要になり、その精度も満足がいかないものになる。

　本章では①効率的に、②精度よく、③開発の進捗に合わせて、使える未然防止ツールを紹介する。決して自動作成の様な技術者の思考を阻害するようなことにはならないように、考えるべき所は人が考え、設計者にとって生産性のない作業はツールで行うように作られている。

　本書の DRBFM の帳票類、および演習事例もそれにより作成したのでツールの狙いも理解し易いと思われる。

13.1　効率的かつ精度よく 開発の進捗に合わせて実現

　それではツールでどのようなことができるか、その全体像を掴んでいただきたい。

(1) あらかじめ社内の知見をツールに集約することができる

　整理した気付きキーワードにより気づきを補助してくれ、過去の知見により変更・変化点の抜け、漏れを低減できる。

　補助してくれる知見により設計者による未然防止のレベル差を平準化できる。

　初期に知見が織り込まれ DR での指摘が少なくなり、やり直しが低減できる。

(2) ツールにより DRBFM のプロセスに沿った製品開発の道案内ができる

　初心者でも DRBFM のプロセスを案内されるので自立して実行できる。また、ツールにより DRBFM のプロセスがルール化され社内展開が容易になる。

(3) ツールが設計の情報（帳票）を漏れなく自動移行

　各シートの情報を正確に移行でき、抜け、漏れを低減し、本来の考える時間に集中でき、入力作業時間を短縮できる。

(4) 関係者の責任分担を決め、情報を共有し正確な DR ができる

(5) 社内の知見、製品開発の成果物（DRBFM）を登録、検索

再発防止を織り込み、作成情報の保存とその再利用することにより、DRBFM の作り方、使用語句の標準化による再利用時の検索精度向上が図れる。

若い設計者へ技術の伝承・育成、技術底辺を効率的にアップできる。

次に個々の項目の詳細を紹介する。

①あらかじめ社内の知見をツールに集約できる

現状：社内には多くの再発防止、設計チェックシートなどの知見はあるが、どんな知見があるか、どこの誰が持っているか不明で使い易く整理されていない。よって検図、DR で指摘され図面修正、設変が発生する。

改善：あらかじめ社内の上司、検図者、開発関係者、知見者の持っている知見をツールに集約する（他部品の再発防止もツールで横展）。

②ツールにより DRBFM のプロセスに沿った製品開発の道案内ができる

ツールにある 4 種類のシートを順番に行えば、DRBFM のプロセスを案内してくれる（**図表 13-1**）。下記に簡略化したプロセスを記載した。

1）設計情報の分析
1. 製品環境の変化点の気づき
2. 構造分析とその変更点の抽出と旧・新比較
3. 機能・要求性能の分析と整理

2）問題発見の分析
1. 設計要素、機能の二元表に見える化
2. 機能から考えられる故障モードの抽出
3. 変更に関わる心配点（故障モードが起きる原因）を抽出
4. お客様への影響を考える
5. 問題発見の社内 DR を行う

3）問題解決の分析
1. 心配点を除くためにどんな設計をするかの計画と実施
2. 公差設計と幾何公差（GD＆T）による問題解決した設計者の意図を明確に

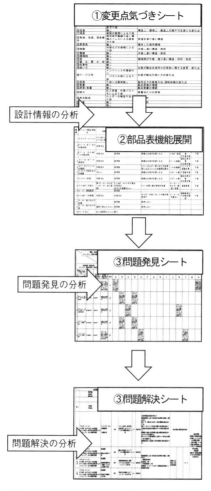

図表 13-1　DREFM のプロセスと帳票

　　し、後工程に図面で正しく伝える
3. 現物の評価で設計の考え方の確認を行う
4. 図面の良品条件の意図を製造へ伝え、それを製品に落とす手段を合意する
5. 問題解決の社内 DR を行う
6. 対応の結果実施した活動のフォローを行う

③ツールが設計の情報（帳票）を漏れなく自動移行

　紹介した4種類のシートで作成した内容は次のシートにワンクリックで移行し、煩わしい作業が軽減され、設計者は考えることに集中する時間が確保できる（**図表13-2**）。

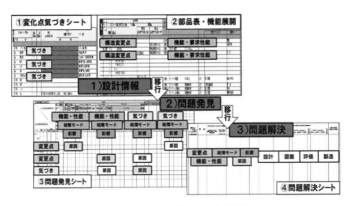

図表 13-2　設計情報を自動移行

④関係者の責任分担を決め画面を共有し正確なDRができる

　あらかじめ開発の責任分担を決めて、各シートを事前配布により情報・画面を共有して責任を果たすDRが行える（**図表13-3**）。

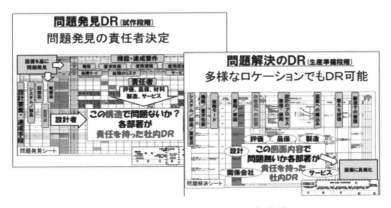

図表 13-3　情報を2回のDRで有効利用

⑤社内の知見、製品開発の成果物（DRBFM）を登録、検索

　開発成果物を登録・蓄積・検索して、問題発生時のトレーサビリティ、改善設計の参考事例として活用できる（**図表13-4**）。

- ・色々な製品の作成情報、再発防止を保存し、新たな製品開発に再利用し、技術の積み上げを図る。
- ・DRBFMの作り方、記載使用語句を標準化することにより、正確に過去の情報が検索でき、未然防止活動効率および精度アップが図れる。
- ・保存された参考製品の変更点からの本来の変更点からのDRBFMの実施、および設計者への技術の伝承、底辺をレベルアップが図れる。

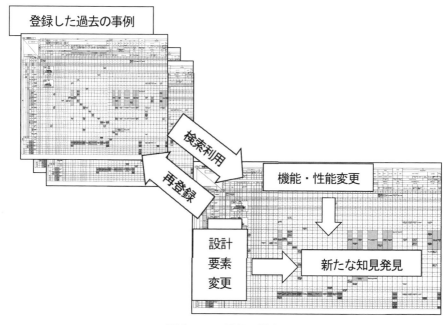

図表13-4　登録と検索

5種類のシートで何ができるかを説明する。

①-1　気づきシート（機能・性能）（図表 13-5）

・製品毎に整備された機能/性能の気づきキーワードにより、対象製品を広く俯瞰して製品環境の変化点に気づきを上司・知見者の様に補助する。

・あらかじめ登録した気づきキーワードの変化点の内容事例を選択ができる。

・新たな気づきキーワード、具体的な変化点が簡単に登録追加できる。

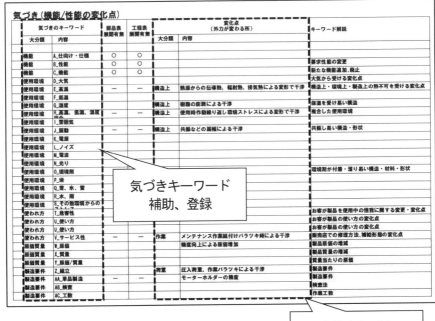

図表 13-5　気づきシート（機能・性能）

①-2 気づきシート（設計要素）（図表13-6）

- 製品毎に整備された設計要素の気づきキーワードにより、対象製品を広く俯瞰して変更・変化点の気づきを補助する。
- 気づきキーワードの具体的な変更点・変化点の内容事例を上司・知見者のように補助できる。
- 製品に適した新たな気づきキーワード、具体的な変化点が登録できる。

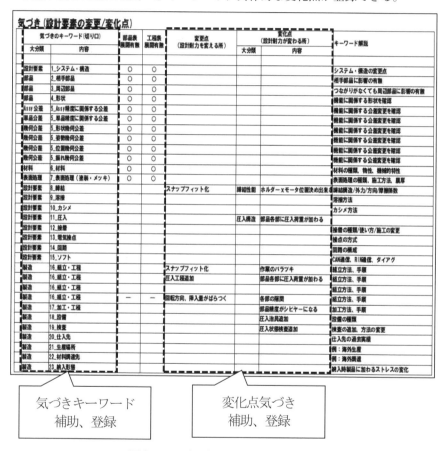

図表13-6　気づきシート（設計要素）

②構造分析/機能分析（図表13-7）

　設計要素を階層状に見える化し、お手本の製品との変更・変化点を発見し比較する。

・対象にしたい変更・変化点がある要素のみ選択し表示できる。

・変更・変化点がある設計要素のみ、機能、要求性能、故障モードを分析し、必要な機能のみを選択し表示できる。

・選択を指示した設計要素、機能は次の問題発見シートに自動移行できる。

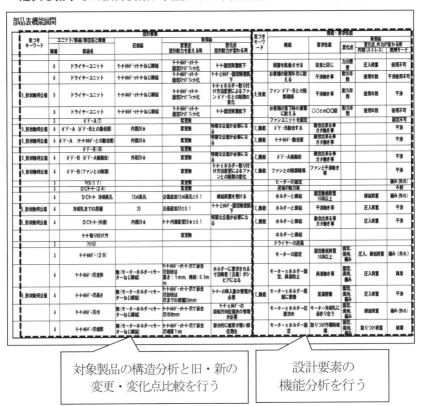

図表13-7　構造分析/機能分析

③問題発見シートにより心配点の発見（図表 13-8）

・①②の帳票を自動移行して、設計要素とその機能間に起きる可能性がある故障モードを発見する。

・発見した故障モードを起こす変更・変化点が起因する原因を探し出す。

・ツールにより各交点の重要度付けを考え、色で表記する。

・故障モードを起こす原因を発見する該当事例を補助表示できる。

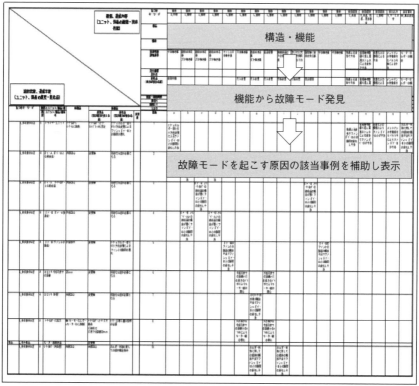

※①②の帳票を自動移行して作成する

図表 13-8　問題発見シート

④問題解決シートにより最適化（図表 13-9）

必要な故障モードの原因を選択すると部品とその変更・変化点、機能・要求性能、故障モードと原因を記載した問題解決シートが帳票左側に作成される。帳票の右側に問題解決を行う。

	要件整理		問題発見			影響度解析	問題解決				
	対象製品 部品名/ 設計要素	部品の 機能	問題点は何処の部位がどんな要因でどんな故障（故障モード/製品故障）に至るか			後行程、お客様への影響（システムへの影響）	問題点の要因を除くためにどんな考え方で設計をするか	問題の対応（設計の考えと社内ＤＲの結			
								図面で対応すべき項目			
No	変更点 /変化点	要求性能	故障モード	故障モードの要因/原因	問題番地		良品条件を見つけ出す為の設計の考え方、プロセス、検証内容、エビデンス	寸法と公差	公差	バラツキ量	評価で対応すべき項目
1	ドライヤーユニット ﾓｰﾀｰﾎﾙﾀﾞｰxﾓｰﾀｰｽﾅｯﾌﾟﾌｨｯﾄ化固定 ﾓｰﾀｰxホルダー取り付け方法変更による ファンx ﾎﾞﾃﾞｰBとの隙間の悪化	ファン ﾎﾞﾃﾞｰBとの隙間確保 干渉無き事	干渉	ﾓｰﾀｰxホルダー取り付け方法変更によるファン ﾎﾞﾃﾞｰBとの隙間の変化し干渉	a-1	使用不可	全体の問題点の設計の考え方 ①使用環境によるﾊﾞﾗﾂｷ要素に変化が無いか調査、評価を行う。 ②モーター冷却孔とホルダーの爪の機能は固定のみとする。 ③ﾎﾞﾃﾞｰBとファンの干渉に関係する各部品に置いて変更点の有る部位は変更前のバラツキ以内の設計を行う。 ④関係する部品で変更が無い部品の設計要素は従来と同じバラツキを確保する。 ⑤メンテナンス時の組付けﾊﾞﾗﾂｷがファンが干渉に影響しないか確認する。 ⑥構造変更による製造ﾊﾞﾗﾂｷを旧構造に収める設計にする。	下記の項目で設計要素を決定			・部品の準備 新構造と旧構造の製品を準備しファンとボデーBの隙間を測定。 ・決めた環境、ストレス条件で両製品のファンとボデーBの隙間の変化を測定。 ・判断基準 設計のﾊﾞﾗﾂｷ最小隙間より小さな変化量以下であればOK
2	ドライヤーユニット ﾓｰﾀｰﾎﾙﾀﾞｰxﾓｰﾀｰｽﾅｯﾌﾟﾌｨｯﾄ化固定 ﾓｰﾀｰxホルダー取り付け方法変更による ファンx ﾎﾞﾃﾞｰBとの隙間の悪化	使用環境 熱源よる変形で干渉	干渉	熱源よる変形でファン ﾎﾞﾃﾞｰBとの隙間の変化し干渉	n-1	使用不可	①使用環境によるﾊﾞﾗﾂｷ要素に変化が無いか調査、評価を行う。 ・評価条件の決定 使用年数：０年 １日の使用時間：０分 環境温度：モーターフォルダーの最高温度を実測して評価温度を決定	環境による複合した変形量を評価		0・2	
3	ドライヤーユニット ﾓｰﾀｰﾎﾙﾀﾞｰxﾓｰﾀｰｽﾅｯﾌﾟﾌｨｯﾄ化固定 ﾓｰﾀｰxホルダー取り付け方法変更による ファンx ﾎﾞﾃﾞｰBとの隙間の悪化	使用環境 使用時作動繰り返し環境ストレスによる変形で干渉	干渉	使用時作動繰り返し環境ストレスによる変形でファン ﾎﾞﾃﾞｰBが干渉	o-1	使用不可					
4	ドライヤーユニット ﾓｰﾀｰﾎﾙﾀﾞｰxﾓｰﾀｰｽﾅｯﾌﾟﾌｨｯﾄ化固定 ﾓｰﾀｰxホルダー取り付け方法変更による ファンx ﾎﾞﾃﾞｰBとの隙間の悪化	使用環境 共振などの振幅による干渉	干渉	共振などの振幅によりファン ﾎﾞﾃﾞｰBとが干渉	p-1	使用不可					

問題発見シートにて必要な故障モードの原因を選択すると部品とその変更・変化点、機能・要求性能、故障モードと原因を自動作成

図表 13-9　問題解決シート

⑤ 3次元公差設計ソフト「TOL J」との連携

　④問題解決シートの中の「図面で対応すべき項目」部分においては、3次元公差設計ソフト「TOL J」との連携が可能となっている。「TOL J」は、3DCADの中で3DAモデル（3Dモデルの中に公差情報などの生産に必要な全ての情報を、アノテーションにより追加したモデル、3D図面というと分かり易いだろう）を作成すると、いとも簡単に公差設計が行えるツールである。「図面で対応すべき項目」セル部分からTOLJへ移行でき、公差計算結果および図面指示内容の検討や結果の確認がシームレスに行える（**図表3-10**）。

問題解決シート

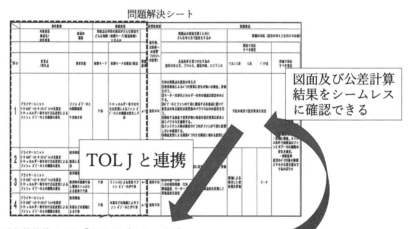

3次元公差設計ソフト「TOL J」（イメージ図）

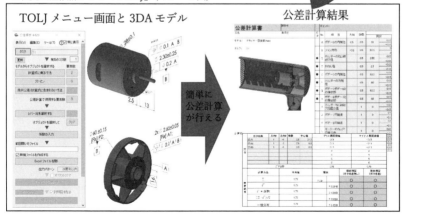

図表13-10　TOL Jとの連携（イメージ）

13.3 DRBFMのツールのまとめ

　設計者（技術者）が思い思いに未然防止を行っても、一人一人の力、知見でしかない。社内の知見、過去の成果物を生かしたい（**図表13-11**）。

・共通したツールにより関係者が知見を出し合ってそのツールで知見を再利用、少ない工数にて精度良くDRBFM業務を行いたい。

・そこで作り上げたDRBFMを再利用し、前よりレベルを上げる。

そのような良いサイクルを回すためにも共通のツールを使用すると良い。

図表13-11　DREFMツールによる再利用

著者紹介

鷲﨑　正美（すさき　まさみ）
MBコンサル鷲　代表

トヨタ自動車に入社し小型乗用車のボデー開発、設計に従事。その後、ボデー領域の品質監査にて未然防止活動に従事。DRBFMエキスパートA級を取得しDRBFMエキスパートの審査員とエキスパートの育成を担当。退社後はMBコンサル鷲を運営。DRBFM、なぜなぜ分析企業研修講師。

栗山　晃治（くりやま　こうじ）
株式会社プラーナー　代表取締役社長

3次元公差解析ソフトをベースとした大手電機・自動車メーカーへのソフトウェア立ち上げ・サポート支援、GD&T企業研修講師、公差設計に関する企業事例の米国での講演などにより実績を重ねる。3次元解析ソフトを使用したGD&T実践コンサルなど、さらなる新境地を開拓している。著書は「強いものづくりのための公差設計入門講座　今すぐ実践！公差設計」（工学研究社）、「3次元CADから学ぶ機械設計入門」（森北出版）、「3次元CADによる手巻きウインチの設計」（パワー社）、「機械設計2015年5月号　特集　グローバル時代に対応！事例でわかる公差設計の基礎知識」（日刊工業新聞社）、「設計者は図面で語れ！ケーススタディで理解する　公差設計入門」（日刊工業新聞社）、「設計者は図面で語れ！ケーススタディで理解する幾何公差入門」（日刊工業新聞社）など、多数。

事例でナットク！
DRBFMによる正しい設計プロセスの実行と
GD&T（公差設計と幾何公差）で問題解決　NDC 531.9

2022年11月30日　初版1刷発行

（定価は，カバーに表示してあります）

　　　　　Ⓒ著　　者　　鷲　﨑　正　美
　　　　　　　　　　　　栗　山　晃　治
　　　　発 行 者　　井　水　治　博
　　　　発 行 所　　日 刊 工 業 新 聞 社
　　　〒103-8548　東京都中央区日本橋小網町14-1
　　　　　　　　　電話　編集部　03（5644）7490
　　　　　　　　　　　　販売部　03（5644）7410
　　　　　　　　　　　　F A X　03（5644）7400
　　　　　　　　　振替口座　　00190-2-186076
　　　　　　　　　URL　https://pub.nikkan.co.jp/
　　　　　　　　　e-mail　info@media.nikkan.co.jp

印刷・製本　美研プリンティング㈱

2022 Printed in Japan　　落丁・乱丁本はお取り替えいたします．
ISBN 978-4-526-08239-9